KB062293

내가 디자인하고 내가 만드는 가구

목공DIY

내가 디자인하고 내가 만드는 가구
목공DIY

초판 발행 | 2016년 7월 29일
4 판 발행 | 2024년 7월 10일

저 자 | 오진경

발행인 | 이인구
편집인 | 손정미
　글　 | 이봉숙, Mark D. Slingluff
사 진 | 고영빈, 인산
디자인 | 나정숙

출 력 | ㈜삼보프로세스
종 이 | 영은페이퍼㈜
인 쇄 | (주)웰컴피앤피
제 본 | 신안제책사

펴낸곳 | 한문화사
주 소 | 경기도 고양시 일산서구 강선로 9
전 화 | 070-8269-0860
팩 스 | 031-913-0867
전자우편 | hanok21@naver.com
출판등록번호 | 제410-2010-000002호

도움을 주신 분들 | 내디내만
가구디자이너 _ 최한성, 고진원, 이기정, 소완섭
송근성, 최재현, 배종윤, 김선희, 안정희
동호인 _ 권미애, 김성아, 김영애, 백선이, 오지윤,
윤정은, 이주영, 이희성, 장은영

도움을 주신 업체 |
URO Festool, YN목공기계, 계양전동공구, 다우통상,
에스오앤지 산업, 좋은집 좋은나무

ISBN | 978-89-94997-33-9 03500
가 격 | 28,000원

이 책은 저작권법에 의해 보호받는 저작물이므로
내용의 전부 또는 일부를 이용하시려면 반드시 저자와 출판사의 동의를 받아야 합니다.
잘못된 책은 구입처에서 바꾸어 드립니다.

내가 디자인하고 내가 만드는 가구

목공DIY

저자 내디내만 오 진 경

한문화사

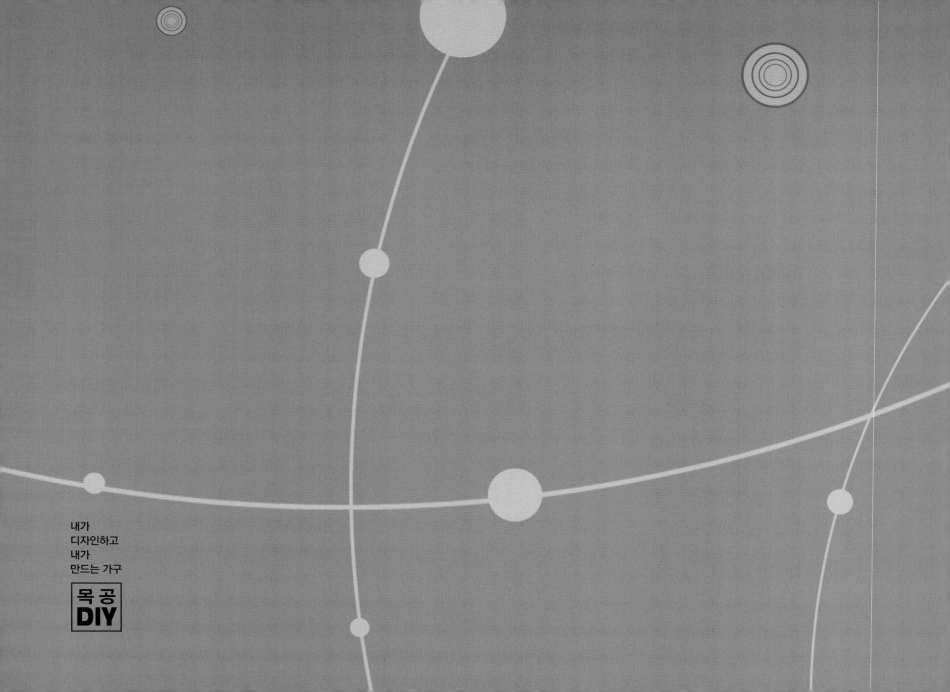

내가
디자인하고
내가
만드는 가구

목공
DIY

들어가는 말

나무는 인간의 생활 속에서 그 사용 시기가 가장 길고 널리 이용되고 있는 소재다. 인류 역사의 시작부터 지금까지 도구의 소재로, 불을 밝히고 음식을 익히는 연료로 끊임없이 사용하고 있으며, 지구에서 유일하게 재생산되는 에너지원이기도 하다. 또한, 인간이 태어나면서부터 자연의 품으로 돌아갈 때까지 생활 속에 늘 함께 하며 마지막에는 나무로 만든 관을 사용함으로써 인간은 나무와 함께 생을 마감한다. 이렇듯 사람들의 목제품에 대한 기본적인 호감은 어찌 보면 오랜 인류의 역사 속에 깊이 내재해 온 하나의 문화 유전자로써 자연스러운 현상일 수 있다.

"나를 무시하지 마라", "죽은 나무가 산 사람을 잡는다", 목수들 사이에서 흔히 통하는 말이다. 이와 같은 표현은 나무를 다루는 일이 그리 만만하지 않음을 의미한다. 직업 중에 손 수(手)자가 들어가는 대표적인 직업이 바로 목수(木手)다. 즉, '나무를 만지는 손'이라는 뜻으로, 목수는 죽은 나무를 목제품으로 새롭게 부활시켜 인간에게 이로움을 주는 직업이다. 목수가 나무를 만지는 일은 일면 자연과 인간을 연결하는 무속적인 직업일지도 모른다는 생각을 해 본다. 이와 같은 마음으로 목수는 나무를 탓하지 않는다. 좋은 나무를 얻고자 하는 욕심은 한 치의 타협도 없지만, 이미 내 손안에 들어와 만지기 시작한 나무는 마음으로 품는다. 모가 나면 자르고, 깎고, 갈아내고, 부족하면 붙이고, 이어서, 나무가 자라난 대로의 모습에서 그 쓰임을 찾고자 묵묵히 일한다. 나무를 제대로 이해하지 못하면 제대로 다룰 수 없고 그 쓰임 또한 제대로 찾을 수 없다. 나무를 다루는 도구도 제대로 숙지하지 않으면 나무를 상하거나 다치게 할 수 있다.

따라서 이번 책은 나무를 잘 다루기 위한 기본에 충실한 목수의 길을 안내하고자 노력하였다. 목공 입문에서 중급 정도의 수준을 목표로 쉬운 것부터 도전하여 가구의 기본구조와 결합방식, 작업 순서를 익힐 수 있도록 하고, 보편적인 나무의 쓰임에 대한 담론을 담고자 하였다. 다수에게 봉사하는 마음으로 고가의 나무를 사용하여 현혹적인 자태를 뽐내지 않고, 사기그릇에 담긴 물 한 잔처럼 목마름을 달랠 수 있는 생활 속의 목제품을 위주로 하고, 소재는 침엽수 계통의 소프트우드를 이용하여 제품을 디자인하고 만드는 과정을 소개하였다. 침엽수는 우리 시대에 소재로 사용하고 심으면 다음 세대에 다시 사용할 수 있을 정도로 빠르게 성장한다. 하지만, 활엽수 계통의 하드우드는 소재로 사용하려면 짧게는 수십 년에서 길게는 수백 년이 지나야 사용할 수 있어, 우선 구하기 쉬운 소프트우드를 사용하였다. 가구 도장에 사용한 페인트는 친환경이나 천연페인트를 사용하고 마감하는 방법을 소개하였다. 아무쪼록 이 책이 목공을 시작하는 많은 분에게 조금이나마 도움이 되는 조용한 파트너가 되어주길 바란다.

그동안 책이 완성되기까지 물심양면으로 도움을 주신 공구업체와 자재업체, 내디내만 가구디자이너들과 동호인 여러분께 감사의 마음을 전한다. 또한, 책의 집필 과정 내내 열의를 다해 자료를 수집하고 편집 및 출간을 위해 애써주신 한문화사에게도 감사의 뜻을 표한다.

2016년 7월
내디내만 오진경

CONTENTS

3

목가구 만들기

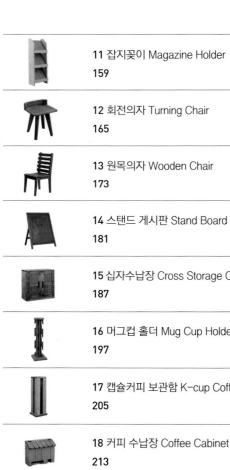

WOODWORKING SKILL TIP 37

내가
디자인하고
내가
만드는 가구

목 공
DIY

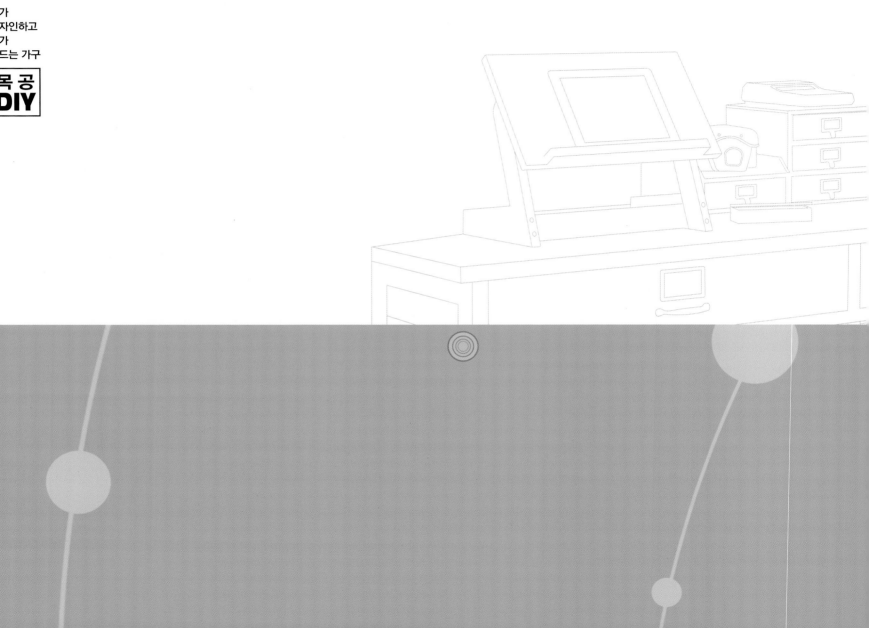

PART 1. 목공 DIY의 이해

인류 역사의 시작부터
함께했던 나무

인류 역사는 소재를 기준으로 구석기, 신석기, 청동기, 철기시대로 구분된다. 이 중에서도 나무는 전 시대를 통틀어 그 사용 시기가 제일 길고 인간의 생활 속에 가장 널리 이용되고 있는 소재다. 화살촉의 몸통이나 돌도끼의 손잡이, 청동기와 철기시대의 농기구, 무기의 부재료가 모두 나무였다. 나무는 도구의 소재이자 불을 밝히고 음식을 익히는 연료로 인류 역사의 시작부터 지금까지 사용되고 있으며, 지구에서 유일하게 재생산되는 에너지원이기도 하다. 또한, 인간이 태어나서 자연의 품으로 돌아갈 때까지 늘 생활 속에 함께하며 인간의 통과의례로써 삶의 마지막 순간인 장례의식에서 나무로 만든 관을 사용함으로써 인간은 나무와 함께 생을 마감하게 된다. 그러므로 사람들의 목제품에 대한 본능적인 호감은 어찌 보면 인류의 오랜 역사 속에 깊이 내재해 온 하나의 문화 유전자로써 자연스러운 현상으로 볼 수 있다.

01_ 나무로 만든 돌도끼의 손잡이.
02_ 나무는 불을 밝히고 음식을 익히는 연료로 인류 역사와 함께 사용되어온 소재이다.
03_ **귀틀무덤** 삶의 마지막 순간인 장례의식에도 나무로 만든 관과 무덤을 사용하였다.

인간의 나무 사랑,
집과 가구

04_ **논산명재고택** 아늑한 숲에 둘러싸인 명당자리에 부드럽고 따뜻한
온도를 지닌 나무로 팔작지붕의 기와집을 지었다.
05_ **삼청각** 따뜻한 체온과 안온함이 있는 나무로 집을 짓고 집 안에는
목가구들로 장식하였다.

1) 어머니의 온도를 지닌 나무

나무는 현재 우리가 사용하는 소재 중 그 어느 것보다도 친화력이 강한 재료로 마치 어머니의 체온과 같은 느낌이 전해지는 살아있는 소재다. 철이나 돌처럼 단단하거나 차갑지 않고 부드럽고 따뜻하다. 나무는 인간과 더불어 긴 세월을 함께 해왔다. 인간이 숲에서 나와 집이란 주거형태를 갖추며 살기 전까지 인류는 나무의 보호 아래 생존해왔다. 그러므로 더욱 친밀할 수밖에 없는 상생의 구조가 바로 인간과 나무다. 상생이 아니라 어찌 보면 나무에 의존적인 삶을 살고 있다고 해도 과언이 아니다. 어머니의 자식 사랑처럼 나무가 인간에게 주는 이로움은 절대적이다. 아늑한 숲과 신선한 공기, 열매나 목재 등 인간의 생명 유지에 필수 불가결한 기본적인 요소들을 제공해 준다. 인간이 어떤 형태의 집을 짓고 살아가든 나무는 인간이 살아가는 공간에서 없어서는 안 될 절대적인 존재이다.

2) 집에서 나무의 품을 찾다

인류의 숲 속 생활은 매우 길었다. 숲에서 나와 숲을 꿈꾸는 것은 원초적 그리움이 남아있기 때문일 것이다. 의식주를 모두 숲에서 해결하던 때도 있었다. 아직도 숲에서 사는 사람들이 있다. 이런 인간의 숲에 대한 그리움이 나무에 대한 필요성을 낳았다. 나무의 따뜻한 체온과 안온함을 집으로 끌어들이고자 나무로 집을 짓고 마당에 정원을 들였다. 집 안에 있는 것들도 상당 부분 모두 나무로 이루어져 있다. 집은 절대적으로 보호되는 공간이자 생활의 바탕이 되는 곳으로 인간의 행복한 삶을 담기 위한 최소단위의 그릇이다. 이런 소중한 공간으로써 가족과 함께 생활하는 집은 아늑하고 편리해야 했다. 콘크리트나 철구조, 벽돌집, 나무를 주재료로 지은 한옥도 있지만, 내부를 들여다보면 모두 나무가 긴요하게 쓰인다. 벽체를 나무로 하면 향이 그윽하다. 또한, 나무 목재를 그대로 사용하면 아토피 같은 피부병이나 비염이 치료되는 것을 현장에서 체험할 수 있다. 이렇듯 인류의 고향인 숲, 그 중심에 나무가 있고 어머니의 품을 찾듯 인간은 나무를 늘 가까이 함으로써 마음의 푸근함과 함께 건강까지 보호받고 있다.

3) 가구로 다시 태어난 나무

집이 확대되어 공동체의 생활공간으로 이어진다. 공동체의 공간이나 개인의 공간은 모두 집으로 통한다. 집은 출발이자 일을 마치고 돌아와 다시 휴식을 취하며 재충전하는 독립된 공간이다. 이러한 공간의 내부생활에서 필수불가결한 것이 바로 가구다. 이런 가구 역시 대부분 나무로 만들어져 있다. 나무는 종류에 관계없이 모두 가구에 사용할 수 있지만, 일반적으로 목가구에 많이 사용하는 나무들이 있다.

우리 전통가옥의 가구를 살펴보면 생활공간에 따라 안방 가구, 사랑방 가구, 부엌 가구 이렇게 세 가지로 크게 분류할 수 있다.

(1) 안방가구

안방가구로는 장, 농, 반닫이 등 의류 수납용과 귀중품 보관함이 있다. 그리고 여성의 전유물인 화장대가 자리한다. 안방은 부부의 생활공간이면서 주로 여성들이 일상생활을 영위하는 곳으로 장이나 농을 제외하면 기능적인 가구들로 여성 취향의 자잘한 기물이 배치된다. 안방가구는 무늿결이 아름다운 느티나무나 먹감나무를 사용하고, 나전칠기, 화각 등의 기법으로 화려한 채색을 가미한다.

(2) 사랑방가구

사랑방 가구에는 서안, 경상 등의 책상류와 문갑, 사방탁자, 서가, 책장, 연상 등의 문방 가구와 각종 서류를 보관하기 위한 문서함, 책을 넣어 두는 크고 작은 궤, 상비약을 넣어 두는 약장, 그리고 의대를 보관하는 의걸이장도 속한다. 사랑방은 사라졌지만, 선비들이 학문을 닦고 손님을 접대하는 곳이기에 문인적인 취향을 짙게 반영한다. 청빈이란 유교적 덕목을 숭상하고 실천하였기 때문에 사랑방에 놓이는 가구나 문방구들은 질박하고 격조가 높다. 따라서 시각적으로 부담을 주지 않는 소박한 질감의 오동나무, 소나무가 주재료로 사용되었으며, 번잡한 문양이나 번쩍이는 철물장식 및 울긋불긋한 칠은 피하였다.

06_ **북촌마을 무무헌** 사랑방에 놓인 가구들로 질박하고 격조가 높다.

(3) 부엌가구

부엌가구로는 뒤주, 찬장, 찬탁, 소반 등이 있으며 가구와 나무로 만들어진 각종 함지류가 있다. 무거운 유기그릇, 사기그릇을 식기로 사용해 무게를 견딜 수 있도록 견고하고 튼튼하게 만들었다. 또 전통적인 가옥구조에서는 식사하는 방들이 부엌으로부터 상당한 거리에 떨어져 있었기 때문에 음식을 담아 나르거나 놓고 먹는 상의 종류가 다양하게 발달하였다.

전통가구와는 다르게 핵가족화된 지금의 현대식 가구는 생활공간보다는 개인의 취향과 기능에 따라 좀 더 폭넓고 다양하게 현대적인 감각으로 디자인한 가구들을 사거나 만들어 사용한다. 플라스틱이나 쇠보다 건강에 좋고, 손때가 묻을수록 깊은 맛과 멋이 우러나온다. 나무 자체가 가진 소재의 친근감으로 나무 재질로 된 목가구 제품은 나라를 가리지 않고 선호한다.

07_ **호족반** 소반의 형태로 음식을 나르는 쟁반과 식탁을 겸한 구조다.
08_ 현대적인 감각으로 다양하게 디자인한 가구들을 만들어 사용한다.
09_ 개인의 취향과 기능에 맞게 직접 제작한 가구.

목공 DIY를 위한
나무의 이해

1) 나무의 장점

나무는 무엇보다도 나무가 가진 부드러움과 체온이 인간과 궁합이 잘 맞는다. 게다가 아름다운 결과 향까지 지니고 있다. 인공적인 자재에서는 찾아볼 수 없는 목재만의 큰 장점이다. 인공적 자재인 콘크리트나 철, 플라스틱과 같은 화학제품으로부터 인체가 느끼는 차가운 느낌과는 아주 다르다. 나무는 살아있는 생물체에서 오는 부드러움이 있다. 나무의 살을 다듬으면 더욱 부드럽고 매끄럽게 나뭇결의 아름다움이 살아난다. 또한, 결의 곡선은 기하학적인 아름다움까지 보여준다. 색감도 격하지 않게 적당히 포근한 느낌을 주며 전체적으로 안온하고 산뜻하다. 거기에 코끝을 자극하는 나무의 향은 은은한 깊은 맛을 전한다. 목재와 콘크리트를 비교한 실험이 있다. 목재 사육 상자에서 쥐의 생존이 85%인데 비해 콘크리트 사육 상자에서는 7%에 지나지 않았다. 또한, 목조주택 거주자가 콘크리트 주택거주자보다 출산율이 높고, 평균 수명도 3년 정도 연장되는 것으로 보고되고 있다. 주택 내 목재사용비율이 높을수록 암에 의한 사망률이 낮아지고 아토피 같은 피부병이 줄어드는 것으로 조사된 것을 봐도 쉽게 알 수 있다.

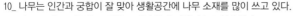

10_ 나무는 인간과 궁합이 잘 맞아 생활공간에 나무 소재를 많이 쓰고 있다.
11_ 나무로 만든 제품은 포근한 느낌이 들며 전체적으로 안온하다.

12, 13_ 부드럽고 매끄러운 나뭇결의 기하학적인 아름다운 곡선이다.

2) 나무의 종류

나무의 종류는 매우 다양하다. 우리나라에서는 1,500여 종의 나무 중에서 100가지 정도를 주로 사용한다. 밀도가 높을수록 즉, 나이테가 조밀할수록 좋은 원목이라고 할 수 있다. 나무는 재질에 따라 세 가지로 분류한다. 구조상 힘을 받는 단단하고 나뭇결이 좋은 목재를 골재, 나뭇결이 아름다운 것을 판재, 치장에 아름다운 나무를 부재라고 한다. 나무의 종류로 소나무, 참나무, 은행나무, 감나무, 레드파인, 가문비나무(스프러스) 등이 많이 쓰인다.

❶ 소나무 : 우리나라에 가장 많은 나무 중 하나인데 소나무 목재는 단단하여 잘 썩지 않고 벌레가 생기거나 휘거나 갈라지지 않는다. 그래서 한옥의 기둥에서부터 가구에 이르기까지 많이 사용하고 궁궐이나 사찰을 만드는 데 쓰였다. 그중에서도 강원도와 경북 울진, 봉화에서 나는 춘양목은 결까지 고와 최고급 목재로 이용되었다.

❷ 레드파인 : 소나무 계통의 나무로 약간 붉은 색을 띠고 강도도 침엽수류 중에서 강한 편에 속한다. 자외선에 노출되면 붉은 기운이 더 도드라지는 경향이 있다.

❸ 참나무 : 단단하고 내구성이 강하다. 무늬와 색감이 좋아서 합판의 표면 등에 덧대어 많이 사용한다. 특히 미국산인 흰참나무는 고급 가구의 원료로 이용되는데 화이트 오크라고 불린다. 참나무는 물샐 틈 없을 정도로 촘촘한 재질을 자랑한다. 한국 등지에 흔한 최고의 원목 가구 재료로 꼽힌다. 웬만한 나무에서 찾아볼 수 없는 단단한 재질은 나이테와 직각으로 박혀있는 단백질 성분에 기인한다. 서랍이 달린 책상, 테이블 등의 원목 가구에 이 나무를 주로 사용하는 것도 이런 단단한 성질 때문이다.

14_ **울진 금강송 군락지** 150~500여 년 된 아름드리 소나무들이 숲을 이루고 있다.

15_ **양평 용문사 은행나무** 나이가 약 1,100~1,500살로 추정되며 높이 42m, 밑동 둘레가 14m로 한국에서 가장 나이가 많고 키가 큰 은행나무이다.

❹ 삼나무 : 내구성은 상대적으로 떨어지지만 가구 소재로 부족함이 없다. 향이 좋고 나뭇결이 아름다워 미적으로 뛰어나다. 특유의 향은 나방 등을 내쫓는 것으로 알려져 있다.

❺ 가문비나무(스프러스) : 나뭇결이 선명하고 집성재로 많이 공급되는 소재이다. 나무 색상이 흰색이어서 다양한 색상을 표현할 수 있다.

❻ 은행나무 : 가볍고 깨끗한 목질을 가졌다. 탄력이 있어 섬세한 조각의 장식재와 소반의 재료로 쓰인다.

❼ 감나무 : 심재 속에 검은 무늬가 있는 것은 먹감나무라고도 한다. 농, 문갑, 탁자의 판재로 쓰인다.

3) 나무의 특성

나무는 많은 장점을 가지고 있다. 따라서 나무의 효율적인 사용을 위해서는 먼저 나무의 장점이나 성질을 잘 이해하고 있어야 다루기 쉽다. 목재로 이용할 때는 더욱 세밀하게 살펴보아야 한다. 나무는 살아있는 존재임을 간과해서는 안 된다. 나무를 작게 절단하여 사용할 때는 상관없지만, 통째로 사용하거나 원재료를 약간만 가공해 사용할 때는 마치 살아 있는 생물이라는 생각으로 다루어야 한다. 나무는 평생을 직립하며 위로 자라는 특성을 지니고 있어 아래는 굵고 위는 가늘다. 따라서 기둥으로 사용할 때는 굵은 쪽을 아래로 하여 나무의 위·아래를 맞추어야 나무가 뒤틀리지 않고 안정감이 있다. 나무의 방향에 대한 이해도 필요하다. 나무는 햇볕이 잘 드는 쪽의 발육이 좋고 나이테도 더 굵다. 다시 말해 남쪽 방향으로 자란 나무의 나이테는 넓고 북쪽으로 자란 나무의 나이테는 좁다. 따라서 나무를 사용할 때는 나무가 자랄 때의 방향도 함께 고려해야 한다. 방향을 반대로 하면 나무가 뒤틀리고 갈라져 안정성에도 문제가 생긴다. 이처럼 나무는 마치 살아 있는 생명체와 같아 자랄 때의 환경 상태를 그대로 유지하기 위해 제 자리를 찾아가려는 특성이 있다. 그러므로 사용하기 전 나무를 잘 살펴보고 이해한 다음 올바르게 사용해야 뒤틀리지 않고 안정성도 미리 확보할 수 있다.

16_ **침엽수림** 나무는 자랄 때의 환경 상태로 제 자리를 찾아가려는 특성이 있어 나무를 사용할 때는 나무가 자랄 때의 방향을 고려해야 한다.

나무의 특성에 대해 좀 더 구체적으로 살펴보자.

(1) 나무의 성질

01. 나무의 밀도와 비중

밀도는 목재의 무게 또는 단위부피당 목재 질량이다. 비중은 수분의 밀도에 대한 목재 밀도의 비율이다. 미터법에서 밀도와 비중의 단위는 g/cm^3로 같이 사용한다. 예를 들면, 소나무의 비중 $0.47g/cm^3$, 상수리나무의 비중 $0.84g/cm^3$, 미송의 비중 $0.45g/cm^3$이다. 나무를 살아있는 상태로 보아야 이해가 쉽다.

02. 흡습성(吸濕性)

흡습성은 말 그대로 물을 흡수하는 성질이다. 하지만 물을 빨아들이는 것뿐 아니라 물을 내보내기도 한다. 양방향성을 가진 것이 흡습성이다. 동물로 보면 일종의 호흡이라고 할 수 있다. 나무의 함수율은 생나무는 40~80%지만 때로는 100% 이상의 수분이 함유되어 있다. 대기 중의 평형 함수율을 기건 함수율이라 한다. 우리나라 기후에는 12~14% 정도다. 목재 중의 수분을 완전히 제거한 상태를 함수율 0%로 전건 상태라 한다. 세포벽에 함유된 수분량은 보통 목재 건중량의 20~35% 정도이다. 흡습력은 부패 및 곤충에 대한 저항력, 건조, 보존처리, 펄프 제조와 같은 공정에도 영향을 미치며 목재의 접착, 마무리와 기계적·열적·청각적 성질 모두 수분함량의 영향을 받는다.

17_ 나무는 마치 살아 있는 생명체와 같아서 잘 살피고 이해한 다음 올바르게 사용해야 안정성 문제를 미리 예방할 수 있다.

03. 수축과 팽창

목재는 수분 이동으로 인해 치수가 변한다. 목재의 치수 변화는 수직면 · 방사면 · 직각면의 3방향에서 각기 다르게 일어난다. 수축의 평균값은 대략 각 절단면이 수직면 0.2%, 방사면 4%, 직각면 8%다. 또한, 부피의 수축도 일어나는데 12% 정도이다. 세로면의 수축은 무시해도 좋을 만큼 작다. 세로면의 수축이 적은 점이 바로 목재를 건축재료로 이용할 수 있는 근원이다. 수축과 팽창으로 생기는 목재 치수의 변화는 몇 가지 형태로 일어난다. 모양변형 · 측면으로 갈라짐 · 휨 · 표면경화(表面硬化) · 벌집터짐 · 찌그러짐 등이다.

04. 기계적 성질

강도는 모양이나 크기를 변화시키는 힘이 가해졌을 때 견디는 힘이다. 다시 말해 힘에 대한 저항력은 작용하는 힘의 정도와 종류에 따라 좌우된다. 또한, 수분함량이나 밀도와 같은 목재의 특성에 따라서도 변한다. 목재의 기계적 성질에는 인장강도(引張強度), 압축강도, 전단강도(剪斷强度), 갈라진 틈, 경도(硬度), 정적휨, 충격휨 등이 있다. 일반적으로 수분함량이 감소하면 목재의 강도는 증가하며, 기온이 상승하면 떨어진다. 가장 중요한 강도 감소요인은 옹이 · 갈라진 틈과 같은 목재의 결함이다.

18_ 나뭇가지를 베어내면 남는 밑동이 옹이가 된다.
19_ 나무줄기 조직이 성장함에 따라 나무의 몸에 박힌 나뭇가지의 그루터기나 그것이 자란 자리로 살아있는 옹이 부분은 포인트로 활용할 수 있다.

05. 열적 성질

다른 물질들에 비하여 열전도율이 낮아 보온재로도 사용한다. 목재는 온도가 100℃가 넘어가면 수분이 증발하기 시작하며 400℃가 넘어가면 가연성 가스를 만들기 때문에 불이 붙어 화재의 위험이 있다. 목재는 열에 접촉하면 치수가 변하지만, 수분함량에 의한 수축과 팽창의 정도에 비하면 적다. 0℃ 이하의 온도에서는 표면에 결함이 생기거나, 살아 있는 나무에서 바깥층과 내층이 서로 다르게 수축하므로 얼어서 틈이 발생한다. 또한, 열전도율이 낮아서 건축자재로 적합한데, 수직축 쪽이 횡단면보다 대개 2~2.5배 크며 밀도와 수분함수율이 커지면 따라서 증가한다.

06. 전기적 성질과 음향 성질

건조된 목재는 뛰어난 절연체다. 그러나 수분의 함량이 증가하면 전기전도율이 증가하며 포화점에 달한 목재는 물의 전기적 성질에 가까워진다. 목재의 전기저항은 수종이나 밀도의 차이에 의해 거의 영향을 받지 않는다. 목재는 자체에서 소리를 만들어 내거나 다른 물체에서 나는 음파를 증폭하고 흡수하는 특성을 보인다. 악기 제조 및 다른 음향적인 목적에 이용되는 이유다. 목재의 치수가 크거나 수분함량이 적을수록, 밀도가 높을수록, 그리고 탄성력이 클수록 더 높은 음을 낸다. 일반적으로 목재는 음향 에너지의 극히 일부인 3~5%만을 흡수하나 공간과 구멍이 있는 방음벽에서는 90%까지 흡수한다.

20_ 같은 나무라 하더라도 수직과 수평의 나뭇결에 따라 강도가 달라지는데 쓰임새에 맞는 판재를 사용한다.

(2) 목재의 일반적 성질

나무의 비중은 같은 체적의 섭씨 4도의 물의 중량과 비교해 대체로 1.54 정도이다. 목재의 비중을 말할 때는 함수 정도에 따라서 다르므로 함수율을 겸하여 말하지 않으면 비중의 뜻이 전혀 없다. 목재의 물리적 성질 중에서 가장 중요한 것이 강도다. 목재의 강도는 같은 나무라도 산지, 수령에 따라 다르고, 연륜, 연륜의 폭(나이테), 옹이나 목재의 흠에 따라서도 다르다. 또한, 목재의 강도나 경도는 비중, 함수율, 가력 방향 등에서도 다르다. 목재 강도의 종류로는 정적강도와 충격강도가 있다. 정적강도에는 압축강도, 인장강도, 전단강도, 그리고 휨강도가 있다. 인장강도는 목재를 양방향에서 잡아당기는 외부의 힘에 대한 저항력이다. 목재의 섬유 방향이 가장 크고 그것의 직각 방향이 가장 작다. 압축강도는 목재의 양방향에서 내부로 미는 힘에 대한 저항력, 전단강도는 목재에 전단력을 가할 때 재료가 전단파괴가 일어나는 최대응력이다.

21_ 목재를 건조하면 강도가 커지므로 충분히 건조한 나무를 사용해야 한다.

휨강도는 목재의 양 끝을 받치고 하중을 가하면 휘어지게 되는 데 이에 저항하는 힘의 크기를 말한다.

나무는 숨을 쉰다. 대기가 건조할 때는 습기를 내놓고 습기가 많을 때는 습기를 빨아들인다. 숨을 쉬며 습기량을 조절한다. 습기는 나무의 함수율과 강도에도 영향을 준다. 목재의 수분이 섬유 포화점 이상일 때는 강도의 변화는 적으나 섬유 포화점 이하로 건조되면 강도는 커진다. 섬유 포화점 이하에서 함수율 1% 증감에 따라서 강도의 증감은 압축강도 6%, 휨 강도 4%, 전단강도 3%다. 예를 들면 생나무 강도를 1로 하면 건재의 강도는 1.5배, 전건재의 강도는 3배 정도로 알려져 있다. 옹이와 강도는 옹이 숫자와 옹이의 면적이 커지면 강도가 감소한다. 경도는 단단한 정도를 말하는데 목재의 면 중에서 마구리면이 약간 크고 무

늿결과 곧은결의 차이는 크지 않다. 춘재보다 추재부의 경도가 크며 목재의 비중이 크고 수지의 함유량이 많을수록, 목재의 함수율이 작을수록 경도가 크다.

목재의 열에 대한 성질을 살펴보자. 목재가 피부에 닿았을 때 따뜻하게 느껴지는 것은 열전도율이 작기 때문이다. 목재는 다른 재료에 비하여 열전도율이 작아 보온재로 사용된다. 물의 열전도율은 목재의 4배, 공기의 20배나 된다. 그만큼 겨울에는 차고 여름에는 뜨겁게 느껴진다. 목재는 향기와 더불어 소리에 유연하다. 소리가 목재에 닿으면 흡수되고, 통과되기도 하고, 반사되기도 한다. 흡수하는 성질을 이용해 건축물의 방음재로, 통과나 반사되는 성질을 이용하여 악기 재료로 사용한다. 목재는 강한 것은 받아들이고 약해지면 다시 본래의 위치로 돌아가려는 성질이 있다. 다시 말하면 물을 흡수하기도 하지만 건조할 때는 발산해서 습기를 조절하는 역할을 한다. 마찬가지로 소리를 흡수하고 막아주기도 하지만, 소리를 내기도 하는 이중성의 협주가 자연스럽게 이루어지는 재료다.

인간은 오래전부터 목재와 관계를 맺고 살아왔다. 건축물, 농기구와 배, 수레 등 여러 가지 힘받이 용재로 목재를 사용하였다. 다른 재료에 비하여 가벼우면서 큰 강도를 지닌 성질을 이용한 것이다. 목재에 외력이 작용하면 내부에서 저항하는 내력이 생기고, 목재의 크기와 형상이 변화한다. 단위면적당 내력을 응력이라 하고 크기와 형상의 변화를 변형이라 한다. 목재에 작용하는 외력이 증가하면 응력과 변형은 비례한계까지 직선 관계를 성립하고, 외력을 제거하면 변형도 회복되어 원형으로 되돌아가는 회복탄력성이 있다. 그러므로 목재를 구조물로 쓸 때는 파괴되지 않고 변형 없이 하중을 지탱할 수 있는가를 아는 것이 중요하다.

목공 DIY와 친환경 생활

1) 생활 속의 목공 DIY

직업 중에 손 수(手)자가 들어가는 대표적인 직업이 목수(木手)다. 즉, '나무를 만지는 손'이라는 뜻으로 죽은 나무를 목제품으로 다시 살려서 인간에게 이로움을 주는 직업이다. 가장 오래된 직업 중 하나로 우리나라에서는 이를 대목수와 소목수로 구분한다. 대목수는 건축 시 기둥·보 같은 주요재료를 세우는 장인을, 소목수는 가구나 마루, 창, 문 등을 짜는 장인을 일컫는다. 이처럼 나무는 과거에 주로 장인들의 손에 의해 다루어져 왔다.

22_ **경주 양동마을** 대목수는 기둥·보 같은 주요재료를 세우고 건축이나 공정을 다룬다.
23_ **안동 하회마을 심원정사** 소목수는 가구나 마루, 창, 문 등을 짜는 장인을 일컫는다.

현대에 와서는 나무가 인간의 생활 속에 깊이 자리 잡고 널리 쓰이고 있다. 나무를 이용해서 생활에 필요한 가구나 집기 등을 만드는 일이 전문가의 일에서 이제는 보통사람도 누구나 직접 할 수 있는 일이 되면서 직업에서 하나의 생활문화로 바뀌고 있다. 또한, 산업화된 현대에 와서 목공은 선호하는 하나의 직업으로, 취미로, 우리 생활 속에 깊이 뿌리 내려 스스로 나무를 만지고 필요한 목제품을 만드는 DIY 문화가 발전하고 있다.

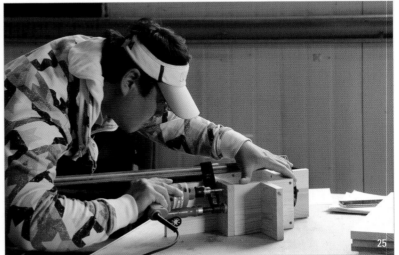

24_ 목재로 생활에 필요한 가구나 집기 등을 만드는 일이 하나의 취미로 우리 생활 속에 깊이 뿌리 내려 스스로 목제품을 디자인하고 만드는 DIY 문화가 발전하고 있다.
25_ 클램프를 이용해 목재를 고정하고 드릴로 정확한 가공작업을 한다.

DIY의 유래는 2차 세계대전 당시 독일군에게 습격 당한 영국 런던의 시민이 폐허가 된 도시를 재건하자는 생활문화운동에서 시작되었다. 집, 가구, 정원 등 각개 시민이 스스로 고치고 만들어 런던 시내를 복원하는 과정에서 사용한 "Do It Yourself"라는 용어가 바로 DIY이다. DIY문화는 국민소득 10,000불 정도에서 시작해서 20,000불 정도에서 보급되는 시장이다. 그리고 30,000불 정도가 되면 정착되어 산업의 여러 부분에 DIY가 도입된다. 전문가 집단에 의뢰하는 일들을 공구사용법과 적당한 제품의 보급으로 소비자가 직접 할 수 있는 여러 가지 방법들이 제시된다.

26_ 사다리 선반을 직접 만들어 화분대로 사용한다.
27_ 다양한 공구의 보급으로 소비자가 직접 목가구를 제작할 수 있는 여건이 조성되었다.
28_ 목재 재단은 테이블톱이 있는 전문 업체에 의뢰하여 사용할 수도 있다.

26

27

28

우리나라는 인터넷의 발전으로 수많은 블로그, 카페, SNS를 통해 더 많은 양질의 정보를 공유하고 있다. 각종 상업 홈페이지에서 다양한 제품과 사용방법의 정보를 동시에 제공하고 있어 누구나 DIY를 쉽게 접할 수 있는 환경이 조성되었다.

기성 가구 제품들은 대량생산과 단가경쟁이라는 구조 속에서 생활환경과는 무관한 방향으로 소비자들에게 노출되어 있다. 소재의 포름알데히드 잔류량이나 페인트에서 방출되는 VOC 등이 무방비 상태로 가정집 안으로 전달되어 가족들의 피해가 생기고 있다. 현대의 도시생활이 이런 각종 환경호르몬에 노출된 상황에서 가정이라는 생활공간만이라도 지키고자 하는 바람이 퍼져, 한국에서의 DIY 문화는 원목을 사용한 친환경 가구나 목제품을 만들어 사용하는 방향으로 전파되고 있다.

29_ 웰빙이라는 화두에 맞게 원목과 친환경 페인트를 사용한 제품을 스스로 디자인하고 만들어 사용한다.
30_ 현대의 도시생활이 각종 환경호르몬에 노출된 상황에서 가정이라는 생활공간만이라도 지키고자 원목을 사용한 친환경 가구를 만들어 사용한다.

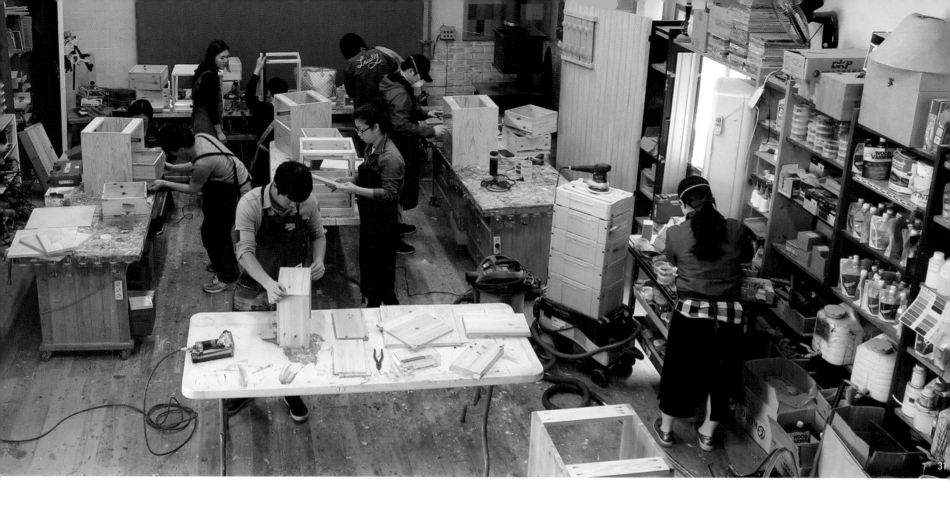

31_ 목공 마니아들을 체계적이고 전문적인 목공 기술인으로 양성한다.

최근 국민소득의 증대와 건전한 소비의식의 확산, 주5일 근무확대와 주5일 수업의 전면 시행에 따른 여가의 증가, 웰빙이라는 화두에 맞는 친환경 소재를 사용하는 건전한 소비 문화로 DIY 공방을 찾는 도시인들이 꾸준히 늘고 있다.

프로그램을 통해 방과 후 활동수업이나 목재체험교실 등 수요처의 연계 및 체험 프로그램을 제공해 줌으로써, 목공 DIY 활동이 건전한 여가문화의 주축이자 새로운 일자리를 창출해주는 명실공히 생활 속의 목공문화로서 자리매김할 수 있게 되었다.

이런 목공문화를 통해 좋은 결실을 본 사례가 있다. 평소 목공을 즐기던 동호인으로 어린 자녀를 둔 30~40대 젊은 부부들이 주축이 되어 양평군 개군면 석장리의 실속형 전원주택 '숲속마을'을 조성하였다. 가족 상황에 따라 개별적으로 택지(330~660㎡)를 구매한 후 설계와 건축, 내부 인테리어까지 전 건축과정에 건축주가 직접 참여하면서 모든 가구와 집기를 손수 만들고 배치하여 나무 향이 가득한 '맞춤형 전원주택'을 완성하였다. 나이도 비슷하고 취미도 같으니 나무를 중심으로 이웃 간에 소통도 자연스럽게 잘 이루어지는 아름다운 목공마을을 형성하게 되었다.

내가 입고 싶은 옷, 내가 살고 싶은 집, 내가 만들고 싶은 모든 것들을 개성 있게 스스로 직접 만드는 DIY 문화는 웰빙 트렌드에 맞춘 건강하고 아름다운 생활에 대한 갈망 등 성숙해진 사회 분위기를 타고 건전한 여가문화로써 더욱 관심의 초점이 되었다. 특히 나무의 매력에 빠져 자신만의 개성 있는 물건을 만드는 목공 인구가 꾸준히 늘고 있다. 전국적으로 많은 DIY 공방들이 생겨 원목과 천연친환경 페인트를 사용한 제품들을 스스로 디자인하고 만들어 사용하고 있다.

DIY 가구공방은 초보자에게는 기본교육프로그램을, 중급자에게는 디자인과 노하우 등을 전파하고 공유하는 사랑방 같은 공간으로, 목공 마니아들을 체계적이고 전문적인 목공 기술인으로 양성할 수 있는 토대가 마련되었다. 교육 이수자들에게는 지속적이면서 다양한 목공

32_ 목공을 즐기는 동호인들이 모여 형성한 목공마을.
33, 34_ 건축주가 직접 참여하여 모든 가구와 집기를 디자인하고 만들어 배치했다.

35, 36_ 한국직업능력원으로부터 승인받은 민간자격제도인 목공DIY교육사 2급 과정 시험을 치르고 있다.

2) 친환경 DIY를 위해서

여기서 한 가지 짚고 넘어가자. 'DIY는 바로 친환경'이라는 공식은 성립하지 않는다. 먼저 DIY 소재에 대해 이해하고 선별할 수 있는 능력을 키워야 한다. 온라인 쇼핑몰이나 상호에 DIY라는 이름을 사용하고 있어도 유심히 살펴보아야 한다. DIY에 관한 정보는 여러 온라인 사이트를 통해 찾는다든가, 주변 사람들과 서로 정보교환을 통해서, 또는 DIY 관련 전문전시회를 관람하면서 유용한 정보나 자료를 얻을 수도 있다. (사)한국DIY가구공방 홈페이지(www.koreadiy.org)에서는 전국의 공방 관련 정보들을 제공하고 있다. 또한, 고용노동부에서는 요건을 갖춘 지원 재직자를 대상으로 '내일배움카드'를 발급해 주고 있는데, 이 카드가 있으면 거의 무료로 DIY 전문교육을 받을 수 있다. 또한, 산림청에서는 목재문화 보급을 위한 "I LOVE WOOD"라는 다양한 DIY 문화행사를 연중으로 시행하고 있어서 관심만 있다면 누구나 쉽게 DIY 문화를 접할 수 있다.

또한, (사)한국DIY가구공방협회에서는 목공 DIY에 관심있는 개인을 대상으로 한국직업능력원으로부터 승인받은 민간자격제도인 목공DIY교육사 2급 과정을 교육하고 있다. 이 교육과정을 통해 개인들은 기초적인 기술인 관리체계를 정립하고, 목공지도자 자격을 갖춘 후 초·중등 교육기관이나 지역 청소년수련관 등에서 목공 DIY 지도자로 활동할 수 있다. 이렇게 배출된 목공지도자들이 현장 교육활동을 통해 의견을 제안하고 이를 적극적으로 수렴함으로써 목재문화가 더욱 확산될 수 있게 하고 있다. 또한, 지역복지관이나 장애인 자활센터 등 소외계층이나 장애인, 취약계층에게 건전한 목재문화를 보급하고, 재능기부 형태의 기술교육을 통해 자활 의지 고취 등 법인의 사회 공익적 목적을 실현하면서 명실공히 생활 속의 목공으로 자리매김할 수 있도록 노력하고 있다.

가구제작의 기능성 및 표준 치수

1) 가구제작의 기능성

인류가 두 발을 포기하면서 얻은 것이 두 손이다. 인류 진화의 출발은 두 손을 얻은 것에서 출발한다. 두 손의 출발로 도구를 사용할 수 있게 되었고 지식이 축적되었다. 글과 그림으로 지식을 흘려버리지 않고 더욱 높은 단계로의 진화에 중요한 역할을 했다. 인간의 도구사용과 밀접한 관계를 맺고 있는 것이 바로 가구다. 최초에는 도구로써 나뭇가지 정도를 사용하다 집을 짓게 되었다. 인간을 안전한 공간으로 이끈 것이 바로 집이다. 집에 들어가 생활하다 보니 생활도구가 필요했다. 그것이 가구다. 가구의 출발은 이렇게 자연스럽게 이루어졌고, 이때 생활도구로 중요한 역할을 한 것이 바로 나무이며 가구의 역사다. 삶에 필요한 가구, 집기, 장신구, 도구 등을 목공으로 만들고 실내에 배치하여 삶을 편리하고 아름답게 만들었다. 이런 가구 디자인의 최종 결과물은 다양한 물건의 무게를 긴 시간 동안 견뎌야 하는 오브제이다. 그러므로 목공은 미학적, 장식적 측면과 아울러 기능성과 안정적인 측면까지 고려해야 한다. 미(美)에 대한 감각, 오랜 경험, 사용자의 생각을 앞서는 사고력 등, 무에서 유를 창조하는 작업이다.

디자인 구상, 스케치, 제작도면, 재단도면을 거쳐 제작한 가구는 기본적으로 목적과 용도에 맞고 사용하기 편리한 기능성을 갖춰야 한다. 그리고 내구성, 경제성, 공간성, 심미성 등의 조건을 두루 충족해야 사용자의 만족도를 높일 수 있다. 가구의 기능성은 사람의 신체와 관련이 있다. 사람의 키, 체형, 몸무게는 사람마다 다르므로 인체공학이나 통계학을 근거로 평균 치수를 기준으로 제작하면 대부분 사람이 편안하게 사용할 수 있다. 하지만 어린이, 노인, 장애인과 같은 특정 부류의 사람들을 위한 가구는 그에 맞는 디자인이 필요하다.

2) 가구의 표준 치수

우리가 일반적으로 재단할 때 사용하는 치수는 도량형이 기본이다. 도량형은 길이·부피·무게 및 이를 측정하는 도구인 자(尺)·되(升)·저울(衡) 등을 말한다. 고구려의 고구려척(高句麗尺)은 1자가 35.51cm를 기준으로, 신라는 주척(周尺)인 20.45cm를 그대로 사용하였고, 고려시대에는 십지척(十指尺), 즉 0.45cm를 기준으로 하는 고유한 고려척(高麗尺)을 제정하였다. 고려척은 일본에까지 전해져 일본의 도량형 제도의 기초가 되었다. 인간의 공동생활을 유지하기 위한 중요한 기준으로 제도화되었다. 도량형에서도 길이는 인체에서 출발했다. 보통사람의 표준에 맞추어서 만들어진 것이 수치다. 길이는 손가락이나 손바닥 길이로 한 뼘, 두 뼘, 부피는 양 손바닥으로 가득히 담을 수 있는 양으로 한 줌, 두 줌 하는 것에서 시작되었다. 무게, 부피, 동력 등에 대한 단위는 일상생활에서 쓰였던 집기나 사람 또는 동물이 움직인 양에서 비롯되었다. 동력의 단위인 마력은 말 한 필이 내는 힘에서 시작된 단위다. 고대 이집트인들은 손가락 끝에서 팔꿈치까지의 길이를 표준 길이로 정했다. 이집트인들이 이것을 표준 길이로 거대한 피라미드를 건립했을 만큼 표준길이의 효율은 컸다. 국제 도량형의 바탕은 미터(meter)에 있다. 미터는 그리스어의 '재다'라는 뜻에서 유래한다. 원래 18세기 말 프랑스에서 지구자오선 길이의 1/4000만을 1m로 할 것을 제창했고 지금까지 세계적으로 사용하고 있다.

인간의 일상에서 일반적으로 널리 사용하는 가구는 크게 의자, 테이블, 수납가구로 나눌 수 있는데 여기서 각각의 표준 치수에 대해 알아보자.

TIP
01

목재의 부분별 명칭

나뭇결이 좁은 횡단면은 단면, 나뭇결의 절단면은 마구리라 하고 나무껍질과 가까운 쪽을 목표(木表), 수심과 가까운 쪽을 목리(木裏)라고 한다. 마구리는 길쭉한 토막의 머리 면을 가리키는 말로 나무의 나이테가 있는 면이다. 나무의 결은 제재형태에 따라 곧은결, 무늿결, 반곧은결로 구분한다.

01. 곧은결 (정목, quarter sawn board): 통나무의 중심선을 따라 제재한 것으로 나뭇결이 평행하다. 나이테가 판재의 면과 직각이 되도록 방사 방향으로 제재된 것으로 실제로는 나이테의 각도가 60도 이상이면 곧은결 판재로 취급한다.

02. 무늿결 (판목, plain sawn board): 나뭇결이 산이나 파도 모양을 이룬다. 나이테가 판재의 면과 45도 각도 미만으로 만난다.

03. 반곧은결 (추정목. rift sawn board): 나이테와의 각도가 30~60도로 만난다.

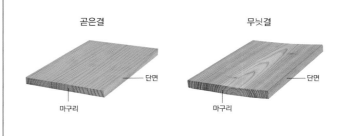

곧은결　　　　　　　　무늿결

단면　　　　　　　　　　단면

마구리　　　　　　　　마구리

(1) 의자

하루의 3분의 1 이상을 의자에 앉아서 생활하고 우리 몸과 밀착되어 있어 그 어떤 가구보다 인체공학적인 요소가 많이 필요한 것이 의자이다. 그러므로 의자 디자인은 의자의 주요 구성요소인 높이, 모양, 각도가 사람 인체의 구조적, 기능적 치수, 그리고 사용 환경과 목적, 용도 등을 고려해 구체적으로 반영하여야 한다.

표준 치수

01. 좌판 높이 : 380~460mm
02. 좌판 너비 : 400~460mm
03. 팔걸이의 높이 : 앉은 부분에서 200~220mm
04. 팔걸이의 길이 : 250mm 이상
05. 앉는 부분 각도 : 뒤쪽으로 5° 정도 경사
06. 등받이 각도 : 앉는 부분과 105° 정도의 각도를 유지
07. 등받이 높이 : 최소 510mm
08. 기타 : 긴 의자의 경우는 어깨너비를 고려해서 1인당 최소 550mm를 확보

39_ 의자는 편안하게 식사를 하거나 일할 수 있도록 앉아 있는 사람의 무게를 지탱할 수 있어야 한다.
40_ 화이트 톤의 인테리어와 조화를 이룬 미색 벤치.

(2) 수납가구

옷장, 책장 등 사물을 깔끔하게 정리 정돈할 수 있는 다양한 수납공간이 필요하다. 물건을
보관하는 수납가구를 목적이나 사용 위치에 따라 책장, 서랍장, 장롱, 식기장, 붙박이장
등으로 부르는데, 실제로는 거실이나 침실, 주방, 사무실 등 사용하는 장소에 관계없이 더
효율적인 공간활용을 위하여 혼용하는 추세이다.

표준 치수

01. 최대 선반 높이 : 1,800~2,000mm
02. 눈높이 선반 : 1,500~1,700mm
03. 표준 작업대 높이 : 900mm
04. 작업대 너비 : 600mm
05. 옷장 높이(옷걸이와 옷장 바닥의 거리)
    ① 롱코트, 드레스 : 1,450~1,600mm
    ② 자켓, 셔츠 : 1,450~1,600mm
06. 옷장 깊이 : 600mm
07. 벽 찬장 깊이 : 300mm
08. 서랍 깊이 : 425~500mm

41_물건을 보관하는 수납공간 겸 장식장으로 사용하는 가구

표준 치수

01. 책상 크기(1인용)
　　① 길이(가로) : 1,200~1,500mm
　　② 폭(세로) : 700~900mm
02. 책상과 식탁 높이 : 700mm
03. 컴퓨터 책상 높이 : 650mm
04. 직사각형 식탁(6인용) : 가로 1,500 × 세로 1,000mm 이상
05. 원형 식탁
　　① 4인용 : 지름 1,000mm
　　② 6인용 : 지름 1,200mm
　　③ 8인용 : 지름 1,500mm
06. 보조 테이블 높이 : 300~600mm
07. 기타
　　① 팔꿈치 공간 폭 : 600mm
　　② 다리 공간 높이 : 600mm
　　③ 무릎 공간 폭 : 250mm
　　④ 손을 뻗을 수 있는 최대 거리 : 475mm

(3) 테이블

독서, 컴퓨터를 하거나 식사와 차를 마시기 편한 상판이 달린 구조의 테이블 높이는 700mm
가 적합하나 컴퓨터 책상 높이는 키보드를 올려놓는 것을 고려해 평균 책상 높이보다 50mm 정
도 낮게 한다. 작업대나 조리대 등 사용자가 서서 사용하는 탁자의 높이는 팔꿈치를 직각으로
구부린 상태에서 한 뼘 정도 아래가 적당하다.

42_ 3플라이 코아 합판을 이용하여 무게감 있게 만든 책상이다.
43_ 작아서 이동하기 쉽고 학다리 곡선으로 심미적 감각을 살린 미니 차탁이다.

목재의 치수와 면적 계산법

1. 목재의 치수

목재를 구하려면 목재 치수를 알아야 한다. 목재 치수는 m, ㎝, mm을 가장 많이 쓴다. 우리나라 옛날 단위인 한 자(30.3㎝), 한 치(3㎝), 한 푼(3mm)과 인치 단위를 사용하기도 한다. '자'는 '척'이라고도 하는데, 목재의 길이는 자 단위인 30㎝씩 길어지고 목재의 두께는 치, 푼 단위인 3㎝, 3mm씩 두꺼워진다. 목재의 가격은 재(才)당 가격으로 거래되고 있고 1재는 1사이라고도 하는데 나무의 부피가 가로 3.03cm, 세로가 3.03cm, 길이가 12자(363.6cm)인 것을 말한다. 1재(才)=3.03cm×3.03cm×363.6cm≒3,338㎤이다.

2. 면적 계산법(㎡와 평)

면적 계산은 1평(py)=3.305785 ㎡를 대입하고 소수점 둘째 자리에서 반올림하여 사용하였다. 각종 면적을 나타내는 단위로 '㎡(제곱미터)'와 '평(py)'을 쓰고 있으며, ㎡는 건축용어로 '헤베'라고도 한다. 사방 1m의 면적을 ㎡라 한다. 1평은 약 3.3㎡로 본래 한 사람이 편히 눕거나 앉아서 책을 볼만한 면적을 말한다. 주택의 거실과 방은 대체로 평 단위로 이루어지고 장롱이나 가구는 자의 개념이 널리 쓰이고 있다.

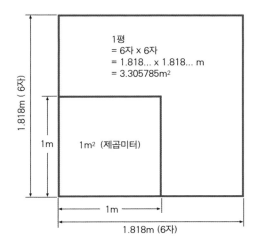

1평
= 6자 x 6자
= 1.818... x 1.818... m
= 3.305785m²

1.818m (6자)

1m

1m² (제곱미터)

1m

1.818m (6자)

참고: 1자=0.303m, 30.3cm

집성목 4×8사이즈 가격

집성목은 자 단위로 4×8사이즈로 칭하는데 4×8사이즈는(4×30.3cm)×(8×30.3cm)로 목재 재단 시 절단을 고려하여 만든 가로 1,220mm 세로 2,440mm의 판재이다. 두께는 12, 15, 18, 24, 30mm로 다양한데 이 중에서 18mm가 가구제작용으로 많이 쓰인다. 예를 들어, 목공을 하면서 자주 쓰는 두께 18mm의 집성목 4×8사이즈의 재(才)와 가격을 알아보면 122cm×244cm×1.8cm / 3,338㎤ = 16재(才)로 집성목의 종류가 뉴질랜드·무절·솔리드라면 재(才)당 4,500원으로 16재×4,500원으로 판매하는 가격이 72,000원 한다는 것을 쉽게 알 수 있다.

내가
디자인하고
내가
만드는 가구

목 공
DIY

PART 2. 목공 DIY에 필요한 공구와 자재

목공 DIY에 필요한 도구 및 공구

예전에는 새로운 건축 재료가 등장하면 가공을 위하여 새로운 목공구가 만들어졌다. 그러나 최근에는 목공장 등에서의 기계가공과 휴대가 편리한 기계나 전동공구들이 개발되면서 작업현장에 널리 보급되어 목재가공에 쓰던 목공구의 종류가 급속히 감소하는 추세다. 목공작업에서 사용빈도가 높은 일반도구와 전동공구의 종류와 사용방법에 대해 알아보자.

1) 일반도구의 종류와 사용방법

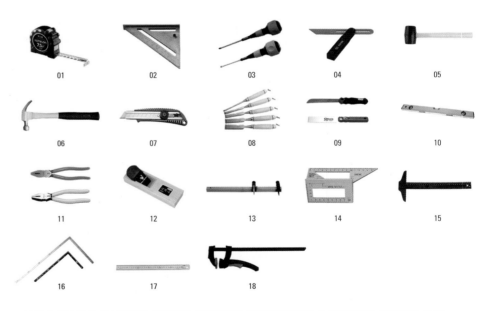

<u>01</u> 줄자 <u>02</u> 삼각자 <u>03</u> 드라이버 <u>04</u> 자유자 <u>05</u> 고무망치 <u>06</u> 망치(클로망치, 노루발장도리) <u>07</u> 커터칼 <u>08</u> 끌
<u>09</u> 플러그톱 <u>10</u> 수평기 <u>11</u> 펜치 <u>12</u> 대패 <u>13</u> 컴퍼스 <u>14</u> 연귀자(각도자) <u>15</u> T자 <u>16</u> 곱자 <u>17</u> 철자 <u>18</u> 클램프

01 줄자

유연한 금속 테이프로 만든 줄자는 주로 길이와 넓이, 높이를 측정하는 용도로 사용하는 필수품으로 길이는 약 3~5m가 목공용으로 쓰기에 편하다. 줄자는 미터용과 인치용이 있는데 초보자는 미터용 자를 사용하는 것이 좋다. 테이프가 금속재이므로 사용 시 손가락이 베이지 않도록 주의한다.

02 삼각자

삼각형 자로 직각 또는 45도 각을 긋거나 표시할 때 사용한다. 보통 직각 이등변 삼각형과 하나의 예각(銳角)이 60도인 직각 삼각형 두 가지가 있다.

03 드라이버

드라이버를 선택할 때 가장 중요한 점은 드라이버 끝이 나사머리에 있는 홈과 잘 맞아야 한다. 손잡이가 매끈하고 볼록한 모양이 인체공학적으로 잡고 쥘 때 편리하다. 일자, 십자 형태의 드라이버가 있다.

04 자유자

자유자재로 각도를 잴 수 있는 자로 기존 제품의 각도를 똑같이 복사해서 표시할 수 있다.

05 고무망치

머리 부분이 고무나 우레탄으로 되어 있어 두드리거나 때려도 흠이 잘 생기지 않아 가구제작 시 재료가 손상하지 않게 결합할 때 사용한다.

06 망치

01

02

클로망치(Claw hammer)로 노루발장도리(빠루 망치)라고도 하고 못을 박거나 빼는 데 사용한다. 이 망치는 무거워 큰 못을 쉽게 박을 수 있고 두 갈래로 벌어진 핀(Peen)은 굽은 못을 빼내는 데 편리하다. 못을 걸어 잡아당기면 자루와 머리 연결부에 큰 힘이 가해지므로, 긴 못을 많이 뽑을때는 자루와 망치 머리가 완전 일체형으로 된 것을 선택하는 것이 좋다.

01 못을 박거나 빼는 데 사용하는 클로망치.
02 망치를 이용한 못 작업.

07 커터 칼

목수의 기본도구 중 하나로 연필 깎기부터 제품의 포장 자르기, 합판류 절단 등 이루 헤아릴 수 없을 정도로 사용 빈도가 높다. 그러나 사용하기 간단하다고 방심해서는 안 된다. 특히 얇은 합판류를 절단한다든지 나뭇결 방향의 절단은 주의를 기울이지 않으면 일정하지 않은 나뭇결 방향으로 삐쳐서 손가락을 다칠 염려가 있으니 주의한다.

08 끌

망치로 때리거나 손으로 밀어서 나무에 구멍을 파거나 겉면을 깎고 다듬는 데 쓰는 도구로 한쪽 끝에 두툼한 칼날이 있다. 장부구멍을 만들거나 짜맞춤에 사용한다. 날이 생명이므로 보관할 때는 캡을 씌우거나 천으로 감싸서 날 끝이 상하지 않게 한다. 다양한 모양의 끌이 있고 같은 모양이라 하더라도 날 폭이 다양하다.

09 플러그톱

01

02

나무못을 자를 때 쓰는 수공구로 유연성이 있고 톱날 부분이 예리하여 자칫 부주의로 손을 다칠 수도 있으니 사용할 때 각별히 주의한다. 검지로 톱을 꽉 눌러서 목재 면에 완전히 닿게 한 다음 비스듬히 위에서 아래로 살살 자르면 나무못은 금방 잘린다. 톱날 교체식으로 단면 날과 양면 날이 있다.

01 단면 날 02 양면 날

10 수평기

수평기(수준기)는 수평뿐만 아니라 수직까지 측정하는 도구로 선반이나 상부에 장을 부착할 때 수평을 확인할 수 있다. 수평기 사용 시 가장 중요한 것은 수평기를 제품에 부착했을 때 수평기에 있는 사각 기포관 속의 물방울이 정중앙에 있는 것을 확인하는 것이다. 기포관이 사선으로 달린 수준기는 45도를 측정할 수 있다.

11 펜치

철사를 끊거나 구부리는 데 또는 못을 뺄 때 사용하는 도구이다. 집게처럼 생겼으며 전기공사용은 자루 부분에 전기가 통하지 않도록 고무로 처리되어 있다.

12 대패

예전에는 목재 표면을 깎는 용도로 많이 썼으나, 요즘에는 대패 가공한 제재를 사용하여 목단·목구를 깎거나 모서리 등을 가공할 때 주로 사용한다. 대패 작업 시 끝 선이 맞지 않거나 나무가 팽창해서 가구의 모양이 잡히지 않을 때 미세한 치수조절을 위한 보정작업이 가능하다.

13 컴퍼스

자유롭게 길이를 조절할 수 있는 두 개의 다리가 있는 제도 기구이다. 한쪽 다리 끝에는 제도용지에 고정할 수 있는 바늘이 있고, 다른 쪽 끝에는 연필을 꽂거나 잉크를 넣을 수 있게 되어 있다. 원(圓)이나 호(弧)를 그리는 데 사용한다.

14 연귀자(각도자)

꺾어진 두 면의 각도를 재거나 선을 표시할 때 쓰는 공구로 직각과 45도 선을 표시할 수 있는 자이다. 직각자보다 목재에 접촉하는 면적이 넓어 더 안정적인 금긋기가 가능하다.

15 T자

재고자 하는 가장자리에 T의 머리 부분을 맞춰 놓고 위·아래 방향으로 수평선을 긋거나 표시할 때 사용한다.

01 나무로 만든 T자.
02 T자를 이용한 직선 긋기.

16 곱자

곱자는 L자형 직각으로 된 금속제 자로 '기역자', '직각자' 등으로 불린다. 치수 측정 외에 직각 측정, 직선과 곡선 긋기 등 다양한 용도로 사용할 수 있으며, 90도 각도로 직각을 확인할 수 있다.

01 곱자를 이용한 선긋기.
02 결합물의 직각을 확인한다.

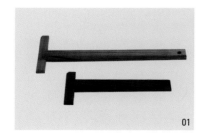

01

02

01

02

17 철자

금속자인 철자는 목공작업 시 짧은 직선자로 유용하다. 내경의 길이를 측정하는 용도로도 쓰이며 철자의 시작은 0cm부터이다. 길이와 폭이 매우 다양한 데 목공에서는 주로 30cm, 50cm와 100cm를 많이 쓴다.

01 철자를 이용한 호 그리기 02 소재의 금긋기 작업 03 소재의 길이 측정

18 클램프

가구 제작 시 부분 가공이나 결합할 때 목공작업을 보조한다. 안전한 작업을 위해 부재를 움직이지 않게 단단히 고정하거나 완전히 밀착시킬 때 또는 접착제로 목재를 붙일 때 고정하는 용도로 사용한다. 클램프의 형태는 손잡이를 회전해서 고정하는 방식과 손잡이를 꺾어서 고정하는 방식이 있는데 작업 성격에 따라서 선택하면 된다. 필요에 따라서 강한 스프링 힘으로 고정하는 집게도 사용한다. 클램프 사용 시 목재에 상처를 낼 수도 있으므로 때에 따라서는 클램프와 판재 사이에 폐자재를 덧대어 사용하기도 한다.

01 손잡이를 회전해서 고정하는 방식.
02, 03 퀵클램프의 손잡이를 당겨서 빠르게 고정하는 방식.
04 다양한 클램프가 거치대에 잘 정돈되어 있다.
05 직각으로 고정할 때 사용하는 클램프.
06 양쪽에 클램프의 손잡이를 회전해서 고정한다.
07 조임쇠. 소품 작업 시 고정용으로 사용한다.

2) 전동공구의 종류와 사용방법

01 전동드릴 02 타카 03 전기 원형톱 04 각도절단기
05 지그소 06 트리머와 라우터 07 크레그 지그 08 도미노

01

02

03

04

05

06

07

08

---

01 전동드릴
Power Drill

드릴날을 부착해서 구멍을 뚫을 수 있고 드라이버 비트를 이용해서 주로 나사를 결합하는 데 사용하는 전동드릴은 목공에서 많이 쓰는 대표적인 공구다. 전동드릴을 가공물 가까이에서 스위치를 켜고 정격회전수에 도달하면 자리를 잡은 후 서서히 작업한다. 아주 강하게 눌러도 구멍이 빨리 뚫리지 않고 오히려 드릴의 마모를 촉진하여 기계의 수명만 단축하는 원인이 될 수도 있으니 주의한다. 구멍이 다 뚫렸을 때는 누르는 힘을 줄이고 기계를 균형 있게 단단히 잡지 않으면 비트가 부러질 수 있으니 주의한다. 드릴을 사용할 때는 구멍의 지름이 클수록 회전수를 줄여 사용한다. 비트는 목적에 맞추어 장착하지만 드릴척에 꽉 고정하지 않으면 흔들려서 작업이 잘 안 될 뿐만 아니라 생각지 않은 사고가 발생할 수도 있다. 그러므로 비트를 드릴척에 끼워 넣고 드릴척의 3개 구멍에 있는 기어를 균일하게 잘 조이고, 분해할 때는 조일 때와 반대로 돌리면서 드릴척에서 푼다.

전동드릴은 콘크리트 등에 구멍을 뚫을 때 쓰는 전기드릴과 목재 등 비교적 강도가 약한 소재에 구멍을 뚫을 때 쓰는 충전드릴이 있다.

01 수직 가공작업 02 수평 가공작업 03 가공 면의 코너나 드릴 전체가 들어가지 않는 부분을 결합한다.

● 전기드릴

손잡이와 작동버튼, 방향전환스위치와 속도조절다이얼이 있다. 모든 전동공구에는 작동 스위치를 누른 상태를 유지해 주는 회전락 버튼이 있다. 작동방법이 제품마다 조금씩 다르긴 하지만 대부분 같은 기능을 가지고 있고 척키를 이용하여 여러 가지 날물이나 비트를 부착해 사용할 수 있다.

– 목공용으로는 4,500rpm~6,000rpm이 적당하다.
– 장시간의 작업과 청소년, 여성 사용자를 고려하여 1kg 이하의 소형 경량제품을 선택한다.
– 속도 조절, 정·역회전 기능이 가능한 제품을 선택한다.

01 전기드릴로 수직 보링작업을 한다.
02 전기드릴로 척키를 이용하여 여러 가지 날물이나 비트를 부착해 사용할 수 있다.

● 충전드릴   공급처: **URO** 02)403-8011

작동원리는 전기드릴과 비슷하며 고속과 저속으로 속도를 조절하는 스위치가 있고, 앞부분에는 힘의 세기를 조절하는 다이얼방식 장치가 있어서 힘의 세기를 세밀하게 조절해 가며 사용할 수 있다. 임펙트 드라이버(Impact drivers)는 전기를 충전해서 사용하므로 휴대가 간편하고 충격을 주는 힘으로 나사를 돌리기 때문에 회전하는 힘이 아주 좋다. 이 기계 하나만 있으면 목공작업에 조임이 필요한 일은 대부분 해결할 수 있다. 팁 부분을 교체하면 나사못뿐만 아니라 육각볼트는 물론, 목공용 드릴 작업까지 다양한 작업을 할 수 있다. 사용할 때 떨어뜨리면 팁 부분에 충격이 가해져 큰 고장의 원인이 되므로 주의한다. 충전드릴은 척 키가 따로 없이 척 부분을 손으로 잡아 회전하는 방식으로 날물이나 비트를 탈·부착한다.

– 목공용으로 10V~18V가 적당하다.
– 토크 조절을 위한 클러치 기능(모터 보호, 나사못·비트 마모 최소화)이 있다.
– 속도 조절, 정·역회전 기능이 가능한 제품을 선택한다.
– 충전방식, 충전시간, 배터리를 확인한다.
– 최대 천공능력을 점검한다.

01 육각형 비트를 원터치로 탈부착할 수 있는 충전드릴.
02 용도에 맞게 드릴척을 선택하여 사용할 수 있다.
03 육각형 몸통 비트를 사용할 수 있는 드릴척을 부착한 모습.
04 원통형 비트를 고정할 수 있는 회전식 드릴척을 부착한 모습.
05 좁은 공간에서 작업할 때 사용하는 코너척을 부착한 모습.

공구 명칭 01.회전토크전환스위치(클러치): 나사못이 과도하게 박히는 것을 방지하는 최적의 토크를 얻을 수 있는 기능이다. 02.속도전환스위치(변속스위치): 가공소재의 강도, 두께에 따라 저속·고속으로 전환한다. 03.정·역회전버튼: 비트의 회전방향을 바꾼다. 04.배터리: 목공용으로 10V~18V가 적당하다. 볼트 수가 클수록 강하지만, 그만큼 무거운 단점이 있다. 05.작동버튼: 손잡이를 잡은 손의 검지로 방아쇠를 당기는 정도에 따라 회전수가 바뀐다. 06.비트: 용도에 맞게 비트를 교환한다. 07.척: 척을 돌려 비트를 단단히 고정한다.

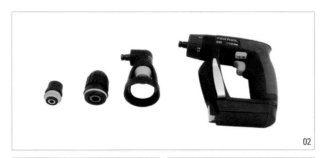

02

03

04

05

01. 회전토크전환스위치(클러치)

02. 속도전환스위치(변속스위치)

07. 척

06. 비트

03. 정·역회전버튼

05. 작동버튼

04. 배터리

● 비트와 나사

드릴 앞부분에 부착하는 액세서리를 통칭해서 비트라고 한다. 비트는 구멍을 뚫는 데 사용하는 드릴날이 있고 나사를 결합하거나 풀 때 사용하는 십자드라이버 비트가 있다. 비트를 결합하기 위해서 드릴척을 회전시키면 척조가 앞으로 벌어지면서 돌출하고 다시 조이면 비트나 날물을 고정한다. 전동드릴을 쓸 때는 비트가 제대로 끼워져 단단히 고정되었는지 꼭 확인하여야 한다. 목공에 사용하는 드릴날은 나사와 관계가 있다. 목공에서 사용하는 나사는 크게 나사산이 전체적으로 나 있는 풀타입 나사와 나사머리에서 일정 간격까지는 나사산이 없고 그다음부터 나사산이 있는 하프타입 나사가 있다. 하프타입 나사는 결합 시 반대쪽 나무를 끌어당겨서 더욱 튼튼하게 결합할 수 있다. 나사는 나사머리와 몸통의 지름으로 구분 하는 데, 나사머리 8mm, 몸통 4mm 나사를 주로 사용한다. 나사머리 부분을 한 번에 마감하기 위해서 이중 드릴날을 사용한다. 이중 드릴날은 8mm 날물에 3mm 드릴날을 장착해서 한 번에 구멍 뚫는 작업을 할 수 있다. 이중 드릴날의 뒷부분은 드릴척조로 결합이 가능하게 3가지로 갈라진 제품과 육각으로 된 제품이 있다. 육각으로 된 제품은 드릴날을 육각 렌치로 고정해서 사용한다.

가구결합은 나사 결합방식의 거의 모든 부분을 이용한다. 그러므로 초보자인 경우 나사 결합부터 연습이 필요하다. 나사못보다 가는 드릴 비트로 조금 깊게 구멍을 뚫은 뒤 나사못을 결합한다. 나사로 결합할 수 있고 가구 구조가 이해되면 단계적으로 다양한 결합방식을 시도해 보는 것이 좋다.

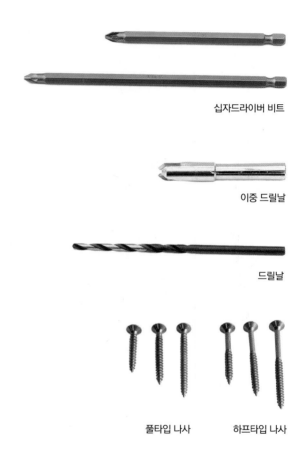

십자드라이버 비트

이중 드릴날

드릴날

풀타입 나사   하프타입 나사

위에서부터 십자드라이버 비트, 이중 드릴날, 드릴날
풀타입 나사(30, 40, 50mm), 하프타입 나사(40, 50, 60mm)이다.

02 타카

Tacker

타카는 목재를 고정하는 데 효율적이다. 총처럼 손잡이를 누르면 앞에서 못이 탁하고 나와 박히는 구조로 안전장치인 스위치를 먼저 넣어야 작동 된다. 에어건을 연결할 때는 호스 끝에 있는 카플러 끝을 내려 주면서 타카를 눌러 연결하면 된다. 보통 타카는 에어타카로 콤푸레샤라는 기계에 연결하여 공기의 압력으로 작동하는데, 요즘엔 전기만으로도 사용할 수 있는 타카가 나와서 저렴하면서도 손쉽게 사용할 수 있다.

04

05

06

01

02

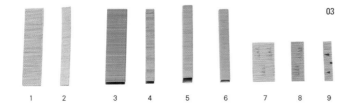
03

1 2 3 4 5 6 7 8 9

01 F30 일자 타카. 5mm부터 5mm 차이로 30mm까지의 핀을 사용할 수 있다.
02 앞에서부터 F30 일자 타카, 422 ㄷ자 타카, 1022 ㄷ자 타카, 630 핀 타카
03 1, 2 _ F30 일자 타카핀 / 3, 4 _ 422J ㄷ자 핀 / 5, 6 _ 1022J ㄷ자 핀 / 7, 8, 9 _ 핀 타카 핀
04 에어건을 연결할 때는 호스 끝에 있는 카플러 끝을 내려 주면서 타카를 눌러 연결한다.
05 F30 타카로 수평결합 한다.
06 F30 타카로 수직결합 한다.

03 전기 원형톱

Electric circular saw

공급처: **URO** 02)403-8011

전기 원형톱은 '스킬소'로 부르기도 한다. 이동하면서 어떤 위치에서나 절단작업이 가능하여 목재의 절단과 켜기 등 많이 사용하는 도구 중 하나다. 사용방법은 절단 가이드 선에 톱날을 맞추어 놓고 소재에서 약간 거리를 두고 톱날의 회전이 일정하게 될 때까지 기다렸다가 피절삭물에 대고 자르기 시작한다. 거의 다 잘랐을 때는 피절단물의 절단면에 톱날이 물려 본체가 강한 힘으로 되돌려지는 경우가 있으므로 주의한다. 그러므로 잘려 떨어질 소재 부분을 한 손으로 단단히 잡고 눌러서 작업을 완료하는 것이 중요하다.

공구 명칭 01.안전 스위치: ON·OFF 스위치를 누르기 전 안전버튼을 누르면 작동하는 이중 장치이다. 02.ON·OFF 스위치: 전기를 ON·OFF로 변환한다. 03.속도 조절 다이얼: 소재 강도에 따라 속도를 조절한다. 04.베이스: 목재에 닿는 금속판으로 목재에 댄 상태로 자른다. 05.각도 조정 나사: 이곳을 풀면 날을 0°부터 45°까지 각도를 조정할 수 있다. 06.안전커버: 톱날이 숨어 있는 방식으로 안전한 작업이 가능하다. 미사용 시 날을 덮고 있던 커버가 자르기 시작하면 자동으로 열린다. 07.날 깊이 조정 나사: 나사를 풀면 베이스가 움직여 날 높이를 조정할 수 있다.

07. 날 깊이 조정 나사

06. 안전커버

05. 각도 조정 나사

04. 베이스

01. 안전 스위치

02. ON·OFF 스위치

03. 속도 조절 다이얼

톱날이 내려오면서 소재를 절단한다.

04 각도절단기(슬라이드 스킬톱)

Miter saw

각도절단기(Miter saw)는 덩치가 커서 대부분 한 자리에 고정해 놓고 사용한다. 큰 부재의 절단이 쉽고 부재를 눕힌 상태나 세운 상태에서도 사용할 수 있다. 기계를 수평이나 수직 상태에서 각도를 조절하여 절단할 수 있어 복합각도 절단기라고 할 수 있다. 전동기계가 없었던 시절에 고도의 측도 기술 없이는 절단하지 못했던 각도까지 간단히 해결할 수 있다.

공구 명칭 01.안전버튼: 전원 스위치를 누르기 전 안전버튼을 누르면 전원 스위치가 작동하는 이중 장치이다. 02.전원 스위치: 핸들을 쥐면서 조작한다. 03.날: 목재를 자르기 위한 날로 용도에 맞게 교환한다. 04.안전커버: 미사용 시 날을 덮고 있던 커버가 자르기 시작하면 자동으로 열린다. 05.베이스: 목재를 올려놓고 절단하는 금속판이다. 06.각도 조정 나사: 나사를 풀면 베이스가 움직여 각도를 조정할 수 있다. 07.집진기능: 배출된 톱밥이 자동으로 모이는 구조이다.

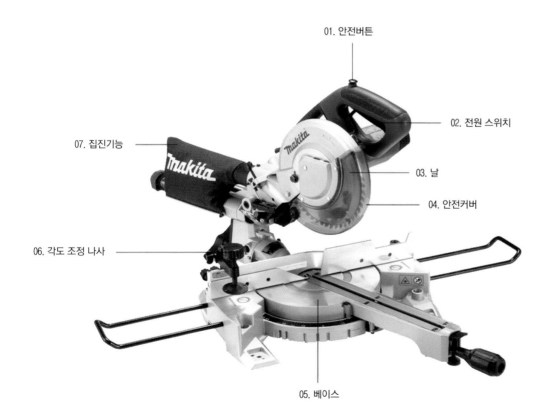

01. 안전버튼
02. 전원 스위치
07. 집진기능
03. 날
04. 안전커버
06. 각도 조정 나사
05. 베이스

01

02

01 각도절단기로 재료를 폭 방향으로 절단할 수 있다.
02 45° 각도까지 절단할 수 있다.

05 지그소

Jigsaw

공급처: **URO** 02)403-8011

지그소(Jigsaw)는 상하운동을 하는 가는 톱날의 힘으로 나무를 직선이나 곡선으로 자를 수 있고 바닥판에 각도를 주어 판재를 경사지게 자를 수도 있는 전동톱이다. 톱날의 길이가 짧아 판재나 작은 각재를 가공할 수 있다. 상하운동과 더불어 앞뒤로 약간의 움직임을 주어 절단력을 조정할 수도 있고, 속도 조절이 가능하며, 밑판의 각도를 조절하여 원하는 각도로 경사지게 자를 수도 있다. 지그소 톱날은 목재용, 금속용 등으로 구분되어 있어 재료에 맞게 선택하여 사용할 수 있다. 지그소의 톱날을 높은 위치에 세팅하면 두꺼운 목재를 빠르고 쉽게 자를 수 있지만 절단면은 거칠게 나오고, 진동이 전혀 없게 세팅하면 작업속도는 다소 늦어지지만 깨끗한 절단면을 얻을 수 있다. 지그소로 목재를 자를 때는 세팅된 속도의 최고 속도까지 작동한 뒤 가공하고자 하는 목재로 이동하여 작업을 시작한다. 목재에 톱날을 부착한 상태에서 스위치를 켜면 목재가 뜯기거나 지그소가 튀어 오를 수 있으므로 주의가 필요하고, 가공이 끝난 후에도 톱날이 완전히 멈출 때까지는 지그소를 움직여서는 안 된다. 작동할 때에는 항상 밑판을 목재와 완전히 밀착시킨다. 지그소의 속도는 섬세한 작업이나 곡선을 가공할 때에는 최고 속도의 절반 이하로 맞추고, 신속한 작업이나 직선을 가공할 때에는 최고 속도의 절반 이상으로 조절하여 작업하면 만족스러운 결과물을 얻을 수 있다.

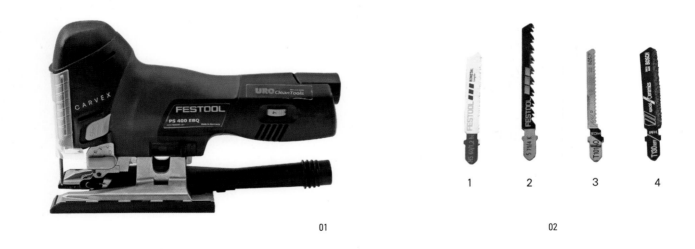

01

02

<u>01</u> URO FESTOOL 지그소 <u>02</u> 1.철재 절단용 날 2.직선 절단용 날 3.곡선 가공용 날 4.타일 절단용 날

01. 잠금 버튼

02. ON · OFF 스위치

03. 육각 렌치

06. 오비탈 스위치

05. 날

04. 베이스

공구 명칭 01.잠금 버튼: 스위치를 켠 상태에서 이 버튼을 누르면 스위치에서 손을 뗀 상태로도 작동할 수 있다. 02.ON·OFF 스위치: 전기를 ON·OFF로 변환한다. 03.육각 렌치: 받침대를 조절하는 데 사용한다. 04.베이스: 받침대로 목재가 들뜨지 않도록 눌러준다. 05.날: 교체식이며 작업 내용에 따라 알맞은 종류의 날을 선택하여 사용한다. 06.오비탈 스위치: 상하로 반복운동을 하는 기능에 전후로 떨리는 운동을 추가하여 불규칙한 궤적을 그리며 절단 효과를 높인 스위치이다.

03 가공이 필요한 선을 긋고 직선으로 절단한다.
04 곡선 가공 시 날물을 곡선용으로 바꾸어 사용한다.

53

06 라우터와 트리머

Router & Trimmer

라우터(Router)와 트리머(Trimmer)는 다양한 종류의 비트(bit)를 장착해서 고속으로 회전하면서 목재를 가공할 수 있는 전동공구다. 회전 속도는 제품별로 약간의 차이가 있으나 20,000rpm 이상이다. 라우터는 트리머에 비해 크고 무겁고 힘이 세다. 그러므로 손으로 잡고 작업할 때에는 보통 테이블에 장착해서 양손으로 공구를 잡고 사용하는 경우가 많다. 비트는 축(shank)의 굵기가 12mm와 6mm 모두 사용할 수 있다. 12mm 비트는 그대로 장착하면 되고 6mm 비트는 콜릿(collet)과 같이 장착해서 사용하면 된다. 트리머는 라우터에 비해 크기가 작고 가벼우며 힘이 약해 보통 한 손으로 공구를 잡고 작업한다. 비트는 축의 굵기가 6mm인 것을 사용하면 된다. 작업 중에는 안전을 위해 보안경과 귀마개를 꼭 착용해야 한다.

공구 명칭 01.전원 스위치: 회전을 시작하고 멈춘다. 02.본체: 고속 회전하는 모터가 내장되어 있다. 공구를 한 손으로 잡고 작업한다. 03.몸통 조이개: 몸통 조이개를 풀어서 날을 끼우거나 날의 깊이를 조절한다. 04.비트: 깎으려는 홈파기, 모따기 종류에 따라 다양한 비트가 있다. 05.베이스 플레이트: 목재와 닿는 부분으로 몸통 조이개 날의 깊이를 조절하면 베이스 플레이트가 오르내린다. 06.지지대 고정나사: 지지대를 끼워 몸통에 고정한다. 07.지지대: 날이 반듯하게 나갈 수 있게 목재 옆에 대고 민다.

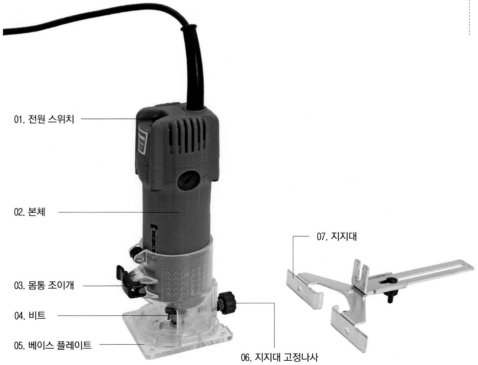

01. 전원 스위치

02. 본체

03. 몸통 조이개

04. 비트

05. 베이스 플레이트

06. 지지대 고정나사

07. 지지대

01　　　　　　　　　　02　　　　　　　　　　03

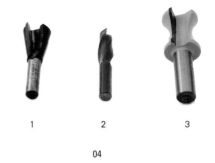

1　　　　　2　　　　　3

04

05

06

07

08

09

01 가공 깊이를 조절할 수 있는 라우터.
02 라우터에 지지대를 부착해서 사용할 수 있다.
03 라우터를 조정하면 면을 경사지게 가공할 수 있다.
04 1.도브테일 날 2.일자 날 3.곡선 가공 날.
05 날이 반듯하게 나갈 수 있게 지지대를 부착해서 작업한다.
06 베어링을 부착한 비트를 이용해서 트리머 작업을 한다.
07 트리머에 지그를 부착해서 직선 각재를 홈 가공한다.
08 일자 날물을 이용하여 ㄱ자로 턱 가공을 한다.
09 다양한 비트의 종류.

55

07 크레그 지그

Kreg Jig

크레그 지그(Kreg Jig)는 나사결합 방법 중 일정 각도로 나사를 비켜박기 방식으로 결합할 때 사용하는 보조도구로 몸체와 전용 드릴날, 클램프로 구성되어 있다. 날물 장착은 원터치로 육각 날물을 교체할 수 있는 보조 비트를 먼저 드릴날에 끼우고 드릴날과 사각 드라이브 비트를 교체하면서 사용한다. 보링작업을 하기 위해서 나무 소재의 두께에 따라 몸체 세팅을 한다. 크레그 나사 결합은 전용 나사를 이용하는 데, 나사머리는 사각, 몸통은 하프타입 나사이며 나사 끝 부분은 스스로 드릴링이 가능하게 처리하여 반대편 부재에 구멍을 뚫지 않아도 자동으로 구멍을 뚫고 부재를 잡아당겨서 튼튼하게 결합할 수 있다. 크레그 지그를 이용해서 결합하면 크게 보이는 볼링 자국이 남지만, 가구 제작과정에서 서랍장의 몸통이나 테이블의 각재다리와 프레임 결합, 넓은 판재의 결합 등 상대적으로 유리한 작업이 많다. 크레그 지그는 필요한 부분에 적절히 선택하면 나사 자국이 보이지 않게 깔끔하게 작업할 수 있다.

공구 명칭 01.몸체: 보링 작업을 하기 위해서 작업할 나무를 고정하는 고정 손잡이와 보링 가이드가 장착되어 있다. 02.보링 가이드: 일정 각도로 나사를 비켜박기 방식으로 결합할 때 사용하는 보조도구이다. 03.클램프: 부재를 움직이지 않게 단단히 고정하는 용도로 사용한다. 04.스토퍼: 보링 깊이를 조절하기 위해 날물에 끼운다. 05.육각 렌치: 육각렌치를 이용하여 날물에 스토퍼를 고정한다. 06.원터치 날물 교체 비트 07.사각드라이버 08.전용 드릴날을 교체하면서 사용할 수 있는 보조 비트로 먼저 드릴에 끼운다.

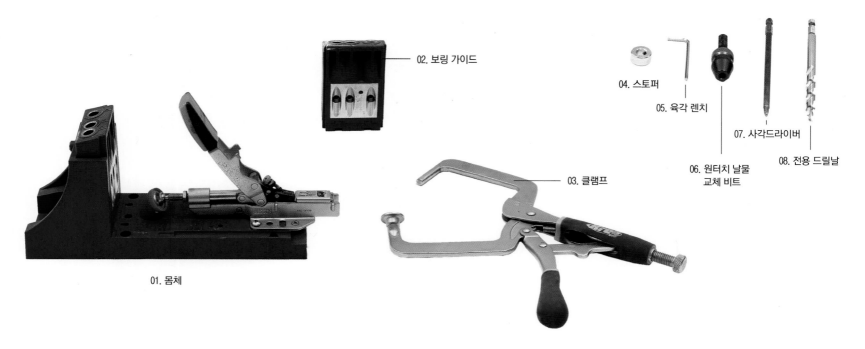

01. 몸체

02. 보링 가이드

03. 클램프

04. 스토퍼

05. 육각 렌치

06. 원터치 날물
교체 비트

07. 사각드라이버

08. 전용 드릴날

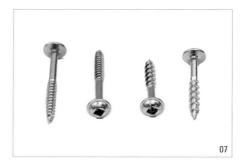

<u>01</u> 작업대에 크레그 지그를 고정해서 사용한다.

<u>02</u> 전용 드릴날로 보링하는 단면.

<u>03</u> 클램프로 고정한 후 소재의 직각을 연결한다.

<u>04</u> 나사를 비켜박기 방식으로 결합한 상세.

<u>05</u> 나사를 비켜 박기 위한 보링작업을 한다.

<u>06</u> 각각 결합할 나무 두께에 따른 보링 위치를 선택하여 가공한다.

<u>07</u> 크레그 지그의 전용나사. 나사머리는 사각으로 되어 있고 몸통은 하프타입 나사이다.

08 도미노

Domino

공급처: **URO** 02)403-8011

도미노(Domino)는 목공작업에서 장부맞춤과 같이 목재를 연결할 수 있는 전동공구이다. 장부맞춤은 장부 촉과 장부 홈을 가공해서 연결하기 때문에 작업시간이 오래 걸린다. 회전과 진동으로 동시에 작동하는 도미노는 장부맞춤보다 견고성은 다소 떨어지지만, 정확한 위치 세팅과 정밀한 비트로 정확하고 빠른 작업이 가능하다. 도미노 연결방식은 연결하고자 하는 목재에 전용비트로 홈을 가공하고 길이와 폭에 맞는 테논핀(Tenon Pin)을 접착제로 접합하는 방식이다. 판재 집성, 각재를 이용해서 만들 수 있는 가구 등 수없이 많은 목공작업을 능률적으로 할 수 있다.

공구 명칭 01.각도 조절 레버: 가공 작업에 따라 각도를 조절한다. 02.홈 폭 조절 스위치: 비트의 진동 폭을 조절한다. 테논핀과 같은 크기의 기본 폭과 확장 폭으로 세팅할 수 있다. 03.전원 스위치: 전기를 ON · OFF로 변환할 수 있다. 04.홈 깊이 조절기: 가공할 테논핀 길이의 조합을 비트의 가공 깊이로 조절한다. 05.가공 높이 조절기: 비트의 가공 높이를 조절한다. 이동할 수 있고 계단식으로 된 표시자를 사용하면 빠르게 가공 높이를 세팅할 수 있다. 06.각재지그 고정 다이얼: 지그를 탈·부착하고 고정한다. 07.각재지그: 반복적으로 각재의 중앙에 홈을 가공하기 위한 지그이다. 08.보조 손잡이: 작업 시 공구가 움직이지 않게 잡아주는 역할을 한다.

02. 홈 폭 조절 스위치

01. 각도 조절 레버

03. 전원 스위치

08. 보조 손잡이

04. 홈 깊이 조절기

05. 가공 높이 조절기

07. 각재지그

06. 각재지그 고정 다이얼

01   02   03   04

07

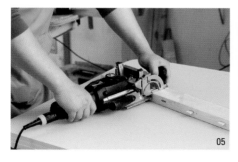

05

06

01 수평가공을 위해 나무 두께별 높이를 조절한다.
02 수직가공 지그를 부착한다.
03 각재 가공 시 좌·우측 녹색 다이얼로 간격을 조절한다.
04 일정 간격으로 수평가공 시 지그를 부착한다.
05 수평가공 작업.
06 각재 한쪽에 테논핀을 접착제로 접합한다.
07 테논핀. 견고성을 높이기 위해 패턴 디자인을 넣어 비치목으로 제작한 테논핀은
4mm×20mm, 5mm×30mm, 6mm×40mm, 8mm×40mm, 8mm×50mm, 10mm×50mm 등이 있다.

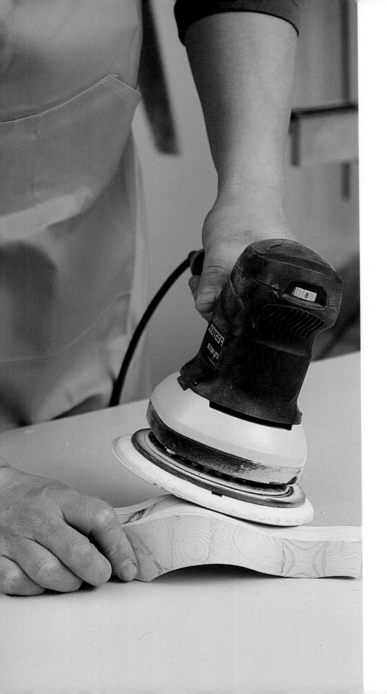

사포작업의 종류

사포작업은 목공 가구의 마감에 꼭 필요한 공정으로 작업에 맞는 도구나 공구를 선택하는 것이 중요하다. 처음부터 전동공구 사용은 자제하고 손으로 하는 작업부터 먼저 익숙해지도록 해야 한다. 아무리 장비가 좋다고 해도 장비로 처리할 수 없는 부분이 항상 존재하기 마련이므로, 전동장비는 보조장비라 생각하고 우선 손작업부터 숙달하는 것이 바람직하다.

각재 테이블 상판을 손으로 샌딩한다.

01 샌드페이퍼

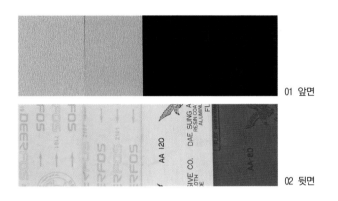

01 앞면

02 뒷면

표면을 깎고 다듬는 일 외에 칠하기 전에 바탕을 조정하는 데 사용하는 가장 쉽고 간편한 연마도구이다. 뒷면의 숫자로 거친 정도를 알 수 있는 데 숫자가 클수록 곱고 부드러운 사포이다. 목공에서는 일반적으로 40~400번 사포를 사용하며 80번은 초벌연마, 120번은 중간연마, 240번은 마무리 연마용으로 사용한다. 칠하기 전 바탕을 조정하는 데는 200번 전후가 좋다.

<u>01</u> 앞면은 사포 샌딩면,
<u>02</u> 뒷면의 숫자는 왼쪽부터 #220, #320, #AA120, #AA80 이다.

02 블록사포

블록사포는 벨크로(찍찍이) 방식으로 작업물의 형태에 따라 적당한 크기로 잘라 부착해서 사용할 수 있다. 다양한 곡선이나 모서리 부분을 사포질할 때 사용하는 여러 가지 손잡이 모양의 보조도구들이 있는데, 손잡이를 부착해서 손으로 작업할 수도 있고 전용 기계에 부착해서 사용할 수도 있다.

03 샌딩기

Sanding Machine

공급처: **URO** 02)403-8011

전기샌더를 사용할 때는 사포를 긴 쪽 방향으로 3등분하고 접어서 자르면 사각샌딩기하고 같은 크기가 된다. 사포의 앞뒤를 꼭 물고 바닥 부분은 평평하게 결합해야 작업이 잘 된다. 오비탈샌더는 샌드페이퍼(사포)를 탈·부착할 수 있으며 진동을 이용해서 가구 표면이나 모서리를 갈아 내는 공구이다. 다양한 굵기의 사포가 있어 기본 사포질에서 마감까지 작업할 수 있다. 원형샌더는 장비에 맞는 크기와 구멍의 위치도 같은 제품을 사용해야 한다. 집진기능이 있는 원형샌더는 샌딩할 때 발생하는 톱밥과 미세먼지를 구멍을 통해 밖으로 배출하는 기능이 있어 호흡기 질환 등을 예방할 수 있고 샌딩 면이 매우 부드럽고 깨끗하게 처리되는 장점이 있다.

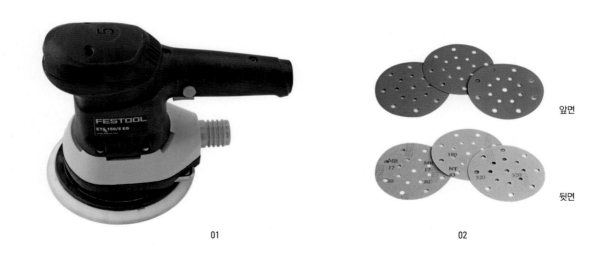

앞면

뒷면

01

02

<u>01</u> 집진기능이 있는 원형샌더.
<u>02</u> #80, #180, #320번 사포 샌딩 앞면과 뒷면의 사포 벨크로(찍찍이).

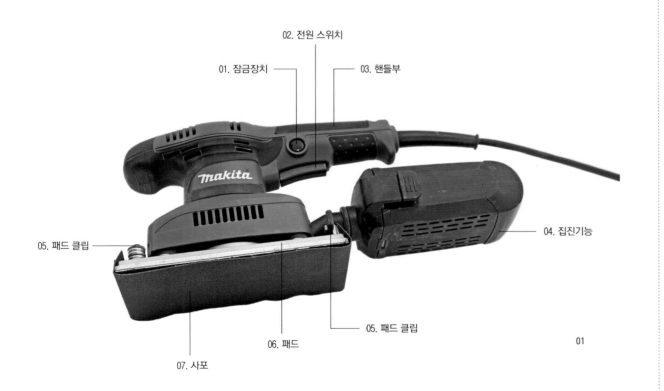

공구 명칭 01.잠금장치: ON 상태를 잠그는 버튼이다. 02.전원 스위치: 전기를 ON·OFF로 변환한다. 03.핸들부: 잘 쓰는 손으로 스위치 쪽 핸들을 잡고 다른 손으로는 반대쪽 핸들을 잡는다. 04.집진기능: 배출된 먼지가 자동으로 모이는 구조이다. 05.패드 클립: 사포를 고정하는 기능으로 앞뒤에 설치되어 있다. 06.패드: 평평하고 부드러운 소재로 만들어져 있다. 이곳에 사포를 설치한다. 07.사포: 시중에 판매하는 가로 280mm, 세로 228mm 크기의 사포를 오비탈샌더에 맞게 이등분하거나 삼등분하여 패드에 고정한다.

02. 전원 스위치

01. 잠금장치 — 03. 핸들부

05. 패드 클립 —

04. 집진기능

05. 패드 클립

06. 패드

07. 사포

01

01 오비탈샌더.
02 오비탈샌더를 이용하여 의자 등받이를 샌딩한다.
03 원형샌딩기를 이용하여 학다리 곡면을 샌딩한다.

63

가구제작 하드웨어

1) 스크류 규격별 용도

스크류의 규격은 나사 지름×길이를 mm로 표시한다.
- 4×16 : 스프링 경첩, 각종 다리 등에 사용.
- 4×25 : 18mm와 12mm를 결합 시 주로 사용.
- 4×30 : 18mm와 18mm를 결합 시 주로 사용.
- 4×40 : 일반적인 구조결합 시 가장 많이 사용.
- 4×50 : ㄱ자 다리, ㅁ자 틀, 두꺼운 목재조립 시 사용.
- 4×70 : 두꺼운 목재 조립 시 사용.
- 3×16 : 경첩류, 액자 고리 등에 사용.
- 3.5×12 : 서랍 레일설치 시 사용.
- 3.5×16 : 몸체 레일설치 시 사용.

2) 스프링경첩

- IN DOOR : 안으로 들어가는 문짝에 사용.
- OUT DOOR : 밖으로 나오는 문짝에 사용.

경첩 부착 전 문짝에 드릴프레스로 경첩 크기에 따라 경첩 자리(35mm~25mm)를 보링한다. 문틈 조절이 쉬운 장점이 있다.

왼쪽 스크류부터 4×15, 4×20, 4×25, 4×30, 4×35, 4×40, 4×50, 4×60mm 크기이다.

01

02

03

01 스프링경첩의 열고 닫힌 모습.
02 교재용으로 만든 스프링경첩 상세.
03 아일랜드식탁 문을 부착한다.

3) 3단볼레일

몸체의 좌우, 서랍 좌우에 설치한다. 규격(길이)은 250 ~600mm가 있는데 50mm 단위로 생산한다. 보편적으로 사용하는 폭 35mm 규격의 제품은 서랍내부 가로 폭보다 서랍을 24~26mm 작게 제작한다.

3단볼레일 결합 전

3단볼레일 결합 후

01

03

4) 상판 결합철물

- 8자 철물: 상판을 결합할 부분에 철물자리 (14~16mm)를 보링한다.
- Z 철물: 상판을 결합할 부분에 철물자리의 홈을 파준다.

02

04

01 3단볼레일의 결합 전, 후의 모습.
02 8자 철물과 Z 철물.
03 콘솔 서랍에 3단볼레일을 설치한 모습.
04 폴딩테이블 다리에 8자 철물을 부착한다.
05, 06 상판과 프레임 홈에 부착한 Z철물 상세.

05

06

칠 도구의 종류와
사용방법

페인트는 바를 물체에 여러 가지 색상 및 광택을 주어 아름답게 함은 물론, 물체를 보호하는 기능을 한다. 목공에서 일반적으로 많이 사용하는 칠 도구와 기본적인 페인트 종류에 대해 알아보자.

1) 칠 도구의 종류

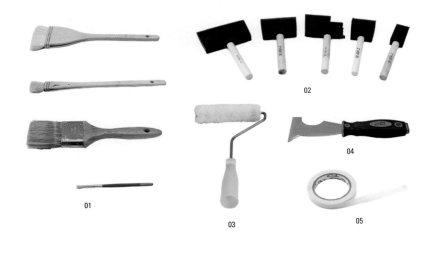

01 붓

가장 일반적인 도구로 수성페인트는 길고 부드러운 붓을, 유성페인트는 비교적 빳빳한 붓을 사용한다. 털이 잘 빠지지 않고 촉감이 좋은 붓을 고른다. 구석이나 칠하기 어려운 부분은 작은 붓을 이용한다.

붓 사용법

- 페인트에 붓이 반 정도까지 잠기게 담근다. 통 가장 자리에서 가볍게 털어내어 페인트가 너무 많이 묻지 않게 한다.
- 붓질 방향은 높은 곳에서 낮은 곳으로, 왼쪽부터 오른쪽으로, 세로에서 가로로, 백색에서 유색순으로 진행한다.
- 좁은 곳, 구석진 곳은 작은 붓으로 먼저 칠해둔다.
- 붓의 손잡이 부분을 잡고 붓끝 쪽에 힘을 주어 약간 곡선으로 칠하면 칠이 잘된다.
- 한 번에 두껍게 칠하지 말고 먼저 얇게 칠한 다음 마르면 한 번 더 칠하는 것이 좋은 방법이다. 마지막 붓칠은 될 수 있는 대로 가볍게 움직여 얼룩이 지지 않게 한다. 붓질의 흔적을 없애려고 이미 칠한 부위에 덧칠하면 안 된다.

01 다양한 붓 02 다양한 크기의 폼브러쉬 03 롤러 04 헤라(주걱/칼)
05 마스킹테이프

02 폼브러쉬

작은 면적을 칠하거나 붓 자국이 나지 않게 할 때 주로 사용한다. 스펀지는 빨리 닳기 때문에 일회용으로 적합하다.

03 롤러

넓은 면적을 칠할 때 사용한다. 사용 후 수성페인트는 물에, 유성페인트는 시너에 씻어 재사용할 수 있다.

04 헤라(주걱/칼)

낡은 부분을 긁어내거나 갈라진 틈에 퍼티 등을 메우고 고르는 데 사용하는 주걱 형태의 기구이다.

05 마스킹 테이프

페인트칠할 부위 이외에 칠이 묻지 않아야 할 곳을 가리면 깨끗이 마감 할 수 있다. 접착 후 잘 떨어지도록 만들어진 테이프이다. 다양한 폭이 있어 작업 특성에 맞게 선택할 수 있다.

01 등받이 벤치에 수성페인트를 칠한다. 02 기저귀 갈이대를 아크릴 페인트로 칠한다. 03 넓은 면을 스폰지 브러쉬로 도장한다.

다양한 종류의 수성 페인트, 유성 페인트,
오일스테인, 아크릴페인트, 밀크페인트
등이 가지런히 진열되어 있다.

2) 페인트 종류

01 수성페인트(아크릴 페인트)

물로 희석하여 사용한다. 내부·외부용, 콘크리트·목재·철재 도포가 가능하다.

02 아크릴 물감

수성페인트에 아크릴 물감을 소량 조색해서 사용할 수 있다. 다양한 색상을 표현하여 스텐실 또는 포크아트에 사용한다. 햇빛에 변색되지 않는다.

03 유성페인트

시너로 희석하여 사용한다. 냄새가 비교적 많이 나고, 광도가 높아 많이 번쩍거리고 마르는 시간도 오래 걸린다. 강도는 수성페인트보다 높다.

04 천연페인트

순수 식물성 천연재료로 만들기 때문에 인체에 해가 없으며, 나뭇결을 살리면서 자연스러운 색을 낼 수 있다.

05 에나멜페인트

에나멜 시너를 1~5% 희석하여 사용한다. 나무 질감이나 결은 살릴 수 없다.

06 래커

칠하기 편하지만 넓은 작업장이 필요하다.

07 특수페인트

자석페인트, 칠판페인트, 야광페인트, 크랙, 철 부식페인트, 동 부식페인트, 우드워시, 스웨드 등 다양한 종류의 페인트가 있다.

01

02

03

01 목재용 수성 스테인
02 마감용 요트바니쉬, 폴리우레탄 바니쉬
03 로린시드 오일, 퍼티, 마감재, 목재용스테인

목공에 쓰이는 나무

나무는 크게 침엽수와 활엽수, 상록수로 구분한다. 침엽수는 겉씨식물로 성장 속도가 빠르고 상대적으로 소프트우드로 구분한다. 활엽수와 상록수는 속씨식 물로 조직이 튼튼하고 특유의 무늿결을 가지고 있으며 일반적으로 하드우드로 구분한다.

목재는 같은 수종의 나무라도 건조 여부에 따라 용도가 달라지는 데, 건조 여부 와 함수율 정도에 따라 구조재와 가구재로 구분한다. 구조재는 목조주택 등 건 축용 재료로 이용하고, 실내 가구용으로 사용하는 가구재는 건조하여 함수율 12% 이하로 만든 소재를 이용한다. 나무를 건조하는 방법은 나무를 제재하여 자연 상태에서 건조하는 자연건조와 건조장에서 열과 습기를 이용하는 인공건 조 방식이 있다. 건조하는 과정에서 나무는 휨, 뒤틀림, 갈라짐 등의 변형이 일 어나게 되는 데, 우리가 사용하는 원목이나 판재는 이러한 변형 과정이 끝난 목 재를 사용하는 것이다.

목재의 함수율(MC, Moisture Content)

생재 상태에서 무게를 측정하고 완전히 건조한 후 다시 무게를 측정하여 그 차이 를 백분율로 표시한다.

1) 원목

원목은 나무를 제재할 때 가공 방향에 따라 여러 가지 결 방향이 생긴다. 나뭇 결이 일자로 생기는 곧은결과 퍼져 나가는 모양의 무늿결 그리고 이 둘이 섞인 결이 대표적이다. 수종에 따라 고유한 결이 잘 살아 있는 나무를 선택하면 재질 감과 멋을 효과적으로 낼 수 있다. 세월이 만들어낸 아름다운 결을 살린 디자인 으로 가구를 만든다는 것은 그 자체로 매력적인 작업이다.

01 원목 무늿결
02 나뭇결이 퍼져 나가는 모양의 무늿결
03 나뭇결이 일자로 생기는 곧은결

2) 집성목

집성목은 소재의 99% 이상이 천연원목이며 집성 과정에서 친환경 접착제를 사용 하여 인체에 해롭지 않으므로 원목으로 보아도 무방하다. 집성목은 뒤틀림이나 쪼개짐이 적어 테이블 상판처럼 넓은 판재가 필요한 작업에 유용하게 쓰인다. 집성하는 방법에 따라서 핑거조인 방식과 솔리드 방식으로 구분한다. 솔리드 방식은 목재의 길이 방향이 원목 한 장으로 된 것이다. 핑거조인은 판재의 넓은 면에 연결 부분이 보이는 탑핑거와 옆에서 보이는 사이드핑거로 구분한다.

수종에 따라서 스프러스 집성목, 레드파인 집성목, 애쉬 집성목, 오크 집성목, 월넛 집성목 등으로 구분한다. 소프트우드와 하드우드 모두 넓은 판재 집성목을 구할 수 있다. 소프트우드 집성목의 일반적인 치수는 1,220×2,440mm이며 두께는 12, 15, 18, 24, 30mm가 있다. 하드우드 집성목은 여러 가지 치수가 있으므로 구매 시 확인하고 선택해야 한다. 기존 집성목의 표면에 가공처리를 하기도 하는데 나뭇결 방향으로 브러쉬를 끌어서 나뭇결을 살리는 브러쉬 작업과 톱날을 나이테 직각 방향으로 끌어서 결을 내는 소잉작업이 있다.

01 3플라이 코아 합판
02 핑거조인 방식
03 솔리드 방식
04 핑거조인 방식의 탑핑거
05 핑거조인 방식의 사이드핑거

06 스프러스(유절)
07 스프러스(무절)
08 레드파인(유절)
09 삼나무(유절)
10 브러쉬 작업으로 살린 나뭇결

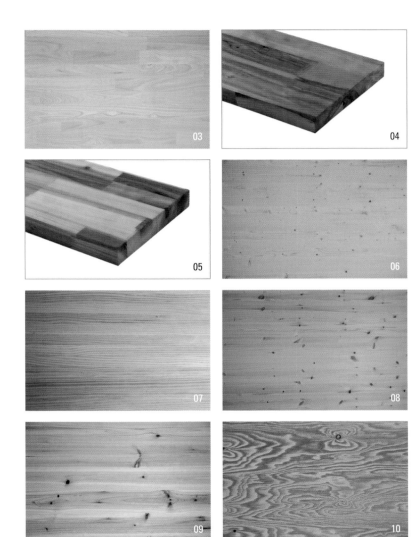

3) 빈티지 합판

빈티지 합판은 나무를 얇게 잘라서 직각 방향으로 겹쳐서 만든 소재이다. 일반적으로 4×8 사이즈로 1,220×2,440mm 크기이며 두께는 여러 종류가 있다. 뒷판이나 벽면에 마감작업을 하는 루버는 일정 폭의 나무를 끼워 폭을 확장하는 방식으로 가공하여 사용한다.

4) 자작나무 합판

자작나무 합판은 자작나무 자체의 부드럽고 단단한 성질을 기본으로 만들어진다. 아름다운 표면과 함께 내구성이 매우 좋은 자재로 이는 대체로 완제품의 미래가치와 잠재적인 쓰임새까지도 결정한다. 화이트 칼라의 자작합판은 주로 인테리어 장식과 고품질의 가구생산에 사용된다.

01 빈티지 합판 02 자작나무 합판 03, 04 **자작나무 숲**, 팔만대장경을 만든 나무로 하얀 나무껍질이 아름다워 숲 속의 귀족이란 별명이 붙었다.

끈을 이용하여 합판 운반하기

TIP
04

합판 규격은 일반적인 자 단위로 3×6(910×1820mm), 4×8(1220×2440mm) 사이즈로 칭하는데 손잡이도 없고 크기가 커서 가까운 거리라도 운반하는 데 애를 먹는다. 이럴 경우 끈을 이용하면 아주 간단하게 들어 옮길 수 있다. 특히 무게중심을 이용해서 중심을 잡으면 안정적으로 옮길 수 있다.

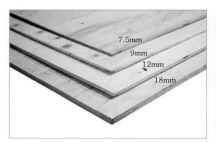

테이프를 이용한 나사결합

드라이버 비트로 나사를 결합할 때 드라이버에 자성이 없으면 천장이나 벽에
대고 고정할 때 흔히 나사를 바닥으로 떨어뜨리는 경우가 있는 데, 의자라도 놓
고 작업한다면 떨어진 나사를 주우려고 의자를 몇 번씩 오르내려야 하는 불편
함이 있다. 이럴 때 그림과 같이 마스킹테이프나 스카치테이프를 이용하여 드
라이버와 나사를 하나로 연결하면 간단하고 쉽게 나사를 결합할 수 있다.

01 마스킹테이프로 나사와 드라이버 비트를 결합한 상세.
02 나사를 천장에 결합할 때 나사가 바닥으로 떨어지는 경우가 많다.
마스킹테이프를 이용하여 드라이버와 나사를 하나로 연결해 사용하면 안정적으로 천장
에 나사를 결합할 수 있다.

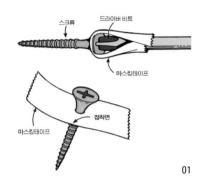

01

02

나무블록을 이용하여 벽에 구멍 뚫기

벽에 직각으로 구멍을 뚫어야 할 때 정사각형의 나무블록을 벽면에 대면 드릴을
수평으로 똑바로 유지할 수 있어 작업이 쉬워진다. 또한, 벽에 못이나 나사를 박
아 옷이나 모자 등을 걸 경우 약간 기울어지게 하는 것이 좋은 데, 이럴 때는 원
하는 각도의 경사진 나무블록 벽에 대고 작업하면 쉽게 구멍을 뚫을 수 있다.

01 정사각형의 나무블록을 이용하면 벽면과 직각으로 나사를 박을 수 있다.
02 경사진 나무블록을 이용하면 벽면과 경사진 각도로 나사를 박을 수 있다.

01

02

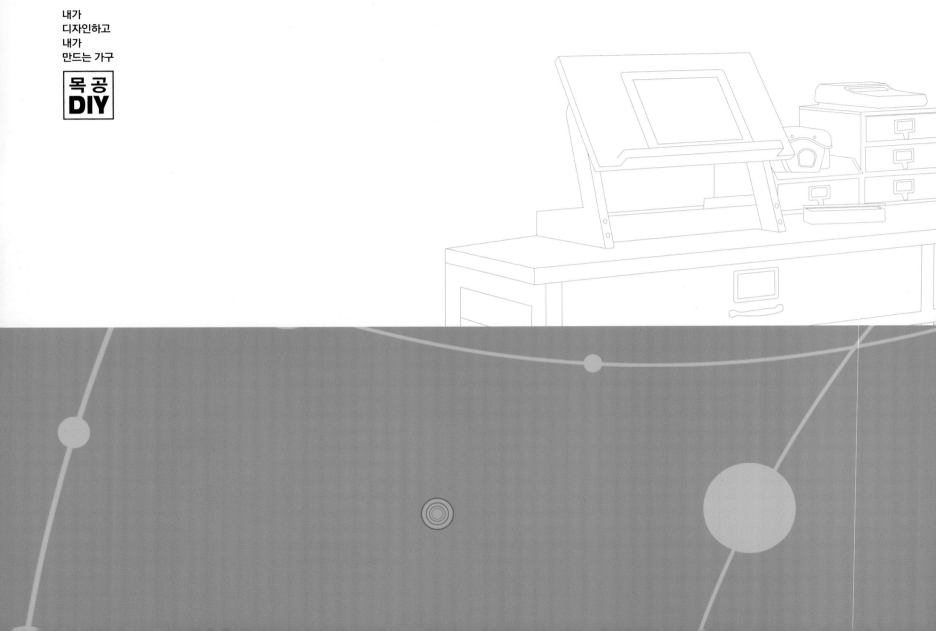

내가
디자인하고
내가
만드는 가구

목 공
DIY

PART 3. 목가구 만들기

01

거 실

공간 활용을 효과적으로

사다리 선반
A-frame Shelf

어느 집이든 하나 있으면 요긴하게 필요한 사다리 선반. 햇빛이 잘 드는 커다란 창가에 세워놓고 갓 피어나 수줍게 웃고 있는 화분과 포릇이 고개 드는 연두 잎의 아기자기한 분들을 올려놓으면 마치 꽃 사이로 무지개가 설 것 같은 느낌. 때로는 어른과 아이의 눈높이에 맞추어 갖가지 소품들을 올려놓는 장식대로 활용해도 좋은 공간 활용의 센스쟁이다.

난이도 ★★☆ | 소요시간 6시간

Skill point

1. 경첩을 이용해서 접었다 폈다 할 수 있는 디자인으로 사용하지 않을 때는 쉽게 정리하여 이동할 수 있다.
2. 다리 아래쪽은 기울기 각도에 맞춰 경사지게 잘라 준다.
3. 선반 밑에 보조목을 대어 사다리가 힘에 밀려 벌어지지 않고 고정되게 한다.
4. 경첩을 부착하는 부분은 트리머와 지그로 홈을 파서 결합한다.

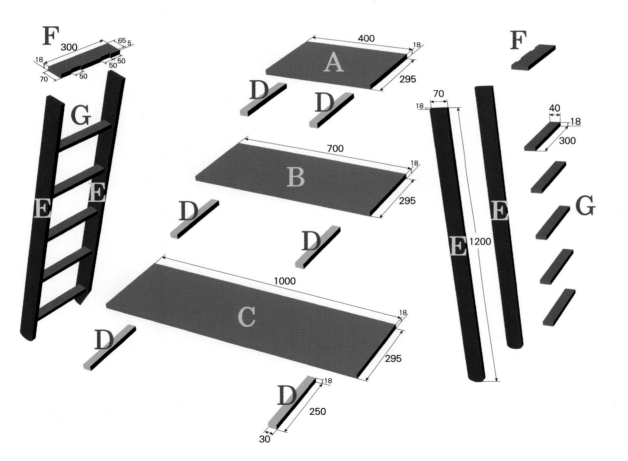

본 체		
구 분	폭×길이×두께(mm)	수 량
A 선반1	295×400×18	1
B 선반2	295×700×18	1
C 선반3	295×1000×18	1
D 선반지지목	30×250×18	6
E 사다리 세로판	70×1200×18	4
F 상부가로판	70×300×18	2
G 사다리 가로판	40×300×18	10

부 자 재		
구 분	길이×지름(mm)	수 량
나사	15×8	8
나사	40×8	50
나무못	30×8	50
나비경첩		2

01 경첩을 부착할 부분에 트리머의 일자날 가공을 위해 ㄱ자로 지그를 만든다.

02 사다리 맨 윗부분 2개의 판에 트리머의 일자날로 경첩 홈을 가공한다.

03 사다리 아랫부분은 경사로 자르고 사각틀 형태로 만든다.

04 중간 선반 지지대를 부착한다.

05 선반 뒤쪽에 보조목 부착할 부분을 자로 재서 양쪽에 표시한다.

06 보조목을 부착한다.

07 사다리 2개의 위쪽을 나비경첩으로 결합한다.
08 선반을 부착한다.
09 사포로 마감하여 완성한 모습.

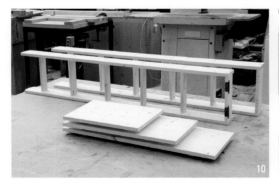

10 색을 칠하기 위해 경첩을 분리한다.
11 먼저 사다리 내부를 수성스테인으로 칠한다.

80

12 중간 가로대를 칠한다.

13 사다리 외부를 칠한다.

14 나머지 사다리도 같은 방법으로 칠한다.

15 중간 선반은 바닥면부터 칠한다.

16 전체적으로 스테인이 충분히 흡수되어 색이 뭉치지 않도록 한다.

17 바닥이 다 건조되면 뒤집어서 윗면을 칠한다.

18 완성한 사다리 선반.

19 햇빛이 잘 드는 발코니에 놓고 화분대로 활용해도 좋다.

20 좁은 공간을 층수만큼 넓게 쓰는 효과를 내고, 접었다 폈다 할 수 있어 이동 시에도 편리하다.

목심으로 구멍 메우기

이중비트로 목심(목다보)이 들어갈 부분까지 드릴링을 하고 나사못을 박은 다음 그 위에 목공용 접착제를 바르고 목심을 끼워 넣는다. 시중에서 판매하는 목심을 이용해서 작업할 수도 있지만, 더욱 고급스런 표현을 위해서는 목심비트를 이용하여 같은 재질의 목심을 만들어 사용하면 좋다. 목심을 박아 넣고 나면 표면 위로 튀어나온 부분은 목심 전용 플러그톱을 이용하여 제거하고 사포로 다듬어 마무리한다.

01

02

03

04

05

06

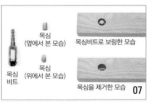

목심
(옆에서 본 모습)   목심비트로 보링한 모습

목심
(위에서 본 모습)

목심
비트   목심을 제거한 모습   07

08

09

10

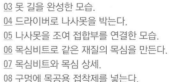

11

01 이중드릴로 나사못 길을 낸다.
02 이중드릴로 목심 끼울 구멍을 뚫는다.
03 못 길을 완성한 모습.
04 드라이버로 나사못을 박는다.
05 나사못을 조여 접합부를 연결한 모습.
06 목심비트로 같은 재질의 목심을 만든다.
07 목심비트와 목심 상세.
08 구멍에 목공용 접착제를 넣는다.
09 망치로 목심을 박는다.
10 날어김이 적은 플러그톱으로 남은 목심을 잘라낸다.
11 사포로 문질러 목심 표면을 다듬는다.
12 목심으로 나사못을 가려 깔끔하게 완성한 모습.
13 나사못과 목심을 제거한 단면.
14 나사못과 목심을 결합한 단면.

12

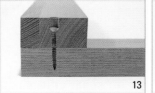

13

목심

나사못

14

02

넉넉히 등 기댈 수 있는

등받이 벤치
Back Bench

어른 두 명이 여유 있게 앉을 수 있는 크기의 등받이 벤치. 혼자
가 아닌 둘이 나란히 앉아 도란도란 이야기도 나누고, 가끔은 혼
자 등 기대고 앉아 차 한 잔의 여유를 누릴 수 있는 자리. 때로
는 분위기 연출을 위해 한쪽에 화분 하나 살짝 올려놓으면 근사
한 장식대로 변신. 어디에 놓아도 쓰임새가 좋다.

난이도 ★★★ | 소요시간 12시간

Skill point

1. 다리와 팔걸이 기둥, 다리와 등받이 기둥을 좌우대칭이 되게 결합한다.
2. 앉는판의 판 사이를 5mm 간격으로 벌려서 결합한다.
3. 깔끔하게 결합하기 위해서 도미노핀(Domino Pin)으로 홈을 파고 결합한다.
4. 등받이 가로판과 세로판을 접착제로 결합하고 클램프로 고정한다.

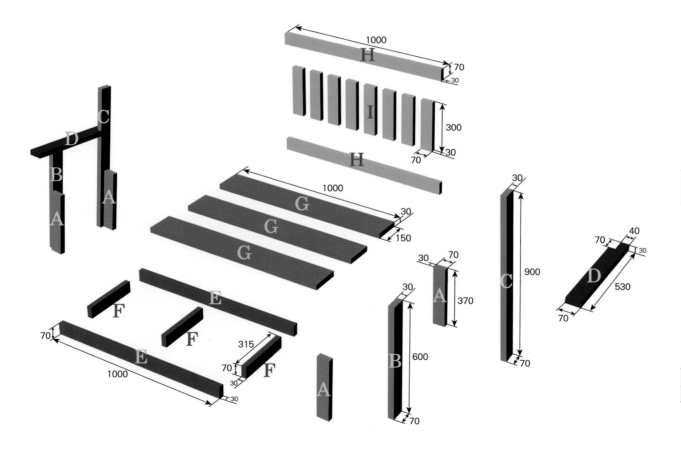

본 체		
구 분	폭×길이×두께(mm)	수 량
A 앞다리	70×370×30	4
B 팔걸이용 앞다리	70×600×30	2
C 팔걸이용 뒷다리	70×900×30	2
D 팔걸이	70×530×30	2
E 가로프레임	70×1000×30	2
F 세로프레임	70×315×30	3
G 앉는판	150×1000×30	3
H 등받이 가로판	70×1000×30	2
I 등받이 세로판	70×300×30	8

부 자 재		
구 분	길이×지름(mm)	수 량
나사	60×8	50
나무못	30×8	50

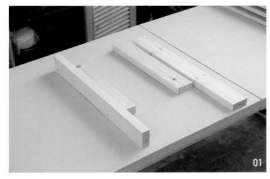

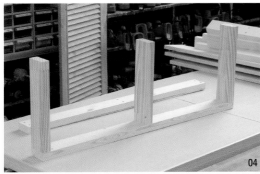

01 앞쪽 다리와 팔걸이 기둥이 좌우대칭이 되게 재단한다.

02 앞쪽 다리와 팔걸이 기둥을 결합한다.

03 뒤쪽 다리와 등받이 기둥을 결합한다.

04 앉는판 프레임을 ㅌ자 모양으로 결합한다.

05 프레임 틀을 완성한다.

06 앞쪽 다리와 프레임을 안쪽에서 결합한다.

  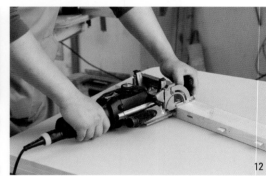

07 뒤쪽 다리를 프레임에 결합한다.

08 앉는판을 뒤에서부터 결합한다.

09 앉는판의 판과 판 사이를 5mm 간격으로 벌려서 결합한다.

10 팔걸이를 등받이 기둥에 결합한다.

11 팔걸이를 팔걸이 기둥 위쪽에서 결합한다.

12 등받이 가로판을 일정한 간격으로 나누고 도미노를 이용하여 홈을 가공한다.

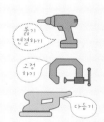

13 등받이 세로판은 도미노 각재 가공 지그로 중앙에 홈을 가공한다.

14 등받이 가로판과 세로판에 접착제를 바르고 테논핀(Tenon Pin)으로 연결한다.

15 나머지 가로판도 접착제를 발라 결합하고 클램프로 고정한다.

16 등받이 위쪽은 등받이 기둥 뒤쪽 끝 선에 맞춰 결합한다.

17 등받이 아래는 등받이 기둥 앞쪽 끝 선에 맞춰 결합한다.

18 샌딩하여 마감한다.

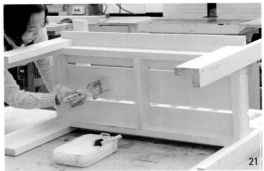
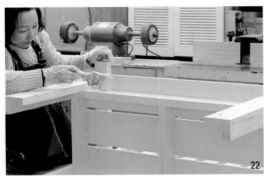

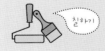
칠하기

19, 20 페인트를 잘 섞어 적당량을 따른다.

21 벤치 앉는판 아랫부분의 안쪽부터 칠해 나간다.

22 바깥쪽을 칠한다.

23 난간은 칸칸이 차례대로 하나씩 칠한다.

24 의자를 세워 놓고 팔걸이를 칠한다.

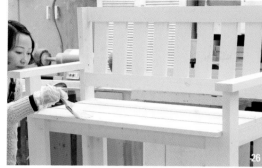

25 등받이 난간을 칠한다.

26 앉는판 부분은 홈을 먼저 칠하고 나서 면을 칠한다.

27 완성한 등받이 벤치.

28, 29 어디에 놓아도 쓰임새가 있고 잘 어울리는 등받이 벤치.

03

거실, 마루 장식을 위한

콘솔
Console Table

거 실

거실이나 마루에 놓고 장식대로 쓸 수 있는 간결하고 세련된 느낌의 콘솔. 보통 벽면에 붙여 놓기 때문에 앞쪽에만 다리나 장식 버팀대가 있는 일종의 사이드 테이블. 출입구 시선이 닿는 곳에 놓고 커다란 꽃병에 노란 꽃을 가득 담아 콘솔 위에 놓아 보자. 반갑게 맞는 집주인의 따뜻한 마음이 전해져 손님의 마음까지 밝게 해줄 것이다.

난이도 ★★★ | 소요시간 10시간

Skill point

1. 각재 다리와 판재를 도미노로 홈 가공한다.
2. 다리와 프레임을 도미노핀으로 결합한다.
3. 낙동법으로 표면을 태운 후 철브러쉬로 긁어내어 나뭇결을 살린다.
4. 밀크페인트로 상판을 두 가지 톤으로 칠한다.

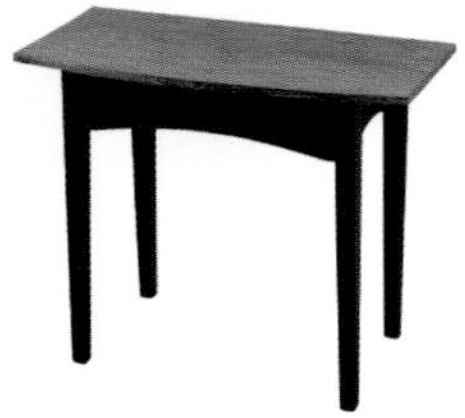

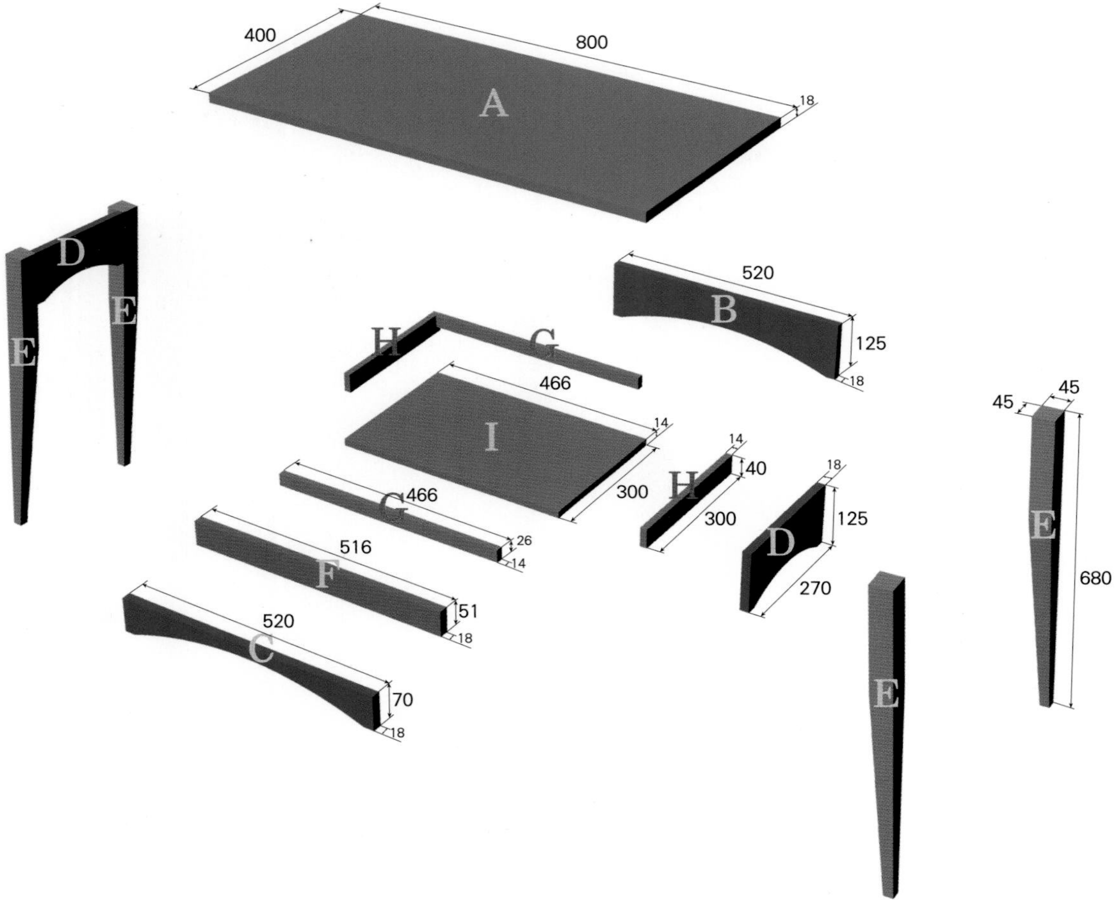

본 체		
구 분	폭×길이×두께(㎜)	수 량
A 상판	400×800×18	1
B 뒷프레임	125×520×18	1
C 앞프레임	70×520×18	1
D 세로프레임	125×270×18	2
E 다리	45×680×45	4
F 서랍 앞판	51×516×18	1
G 서랍 가로판	26×466×14	2
H 서랍 세로판	40×300×14	2
I 서랍 바닥판	300×466×14	1

부자재		
구 분	길이×지름(㎜)	수 량
나사	40×8	30
나사	50×8	30
나무못	30×8	20

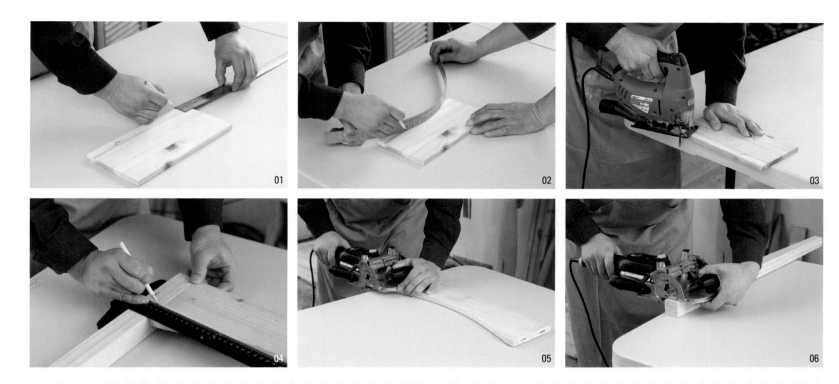

01 좌우 프레임에 앞뒤 3cm 띄워서 표시한다.

02 철자로 곡선을 그린다.

03 지그소로 곡선을 따라 오려낸다.

04 다리와 프레임에 맞춰서 도미노 가공위치를 표시한다.

05 각 프레임의 결합 면에 도미노를 이용해서 홈을 가공한다.

06 다리 각재에도 도미노로 홈을 가공한다.

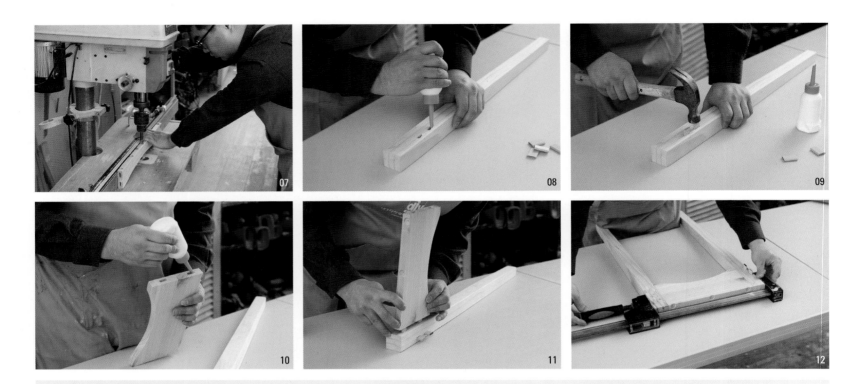

07 각 프레임 위쪽에 8자 철물을 부착할 홈을 가공한다.

08 홈에 접착제를 넣는다.

09 테논핀을 망치로 깊이 결합한다.

10 프레임에 접착제를 넣는다.

11 다리에 프레임을 끼워 넣는다.

12 반대쪽 다리를 끼우고 클램프로 고정한다.

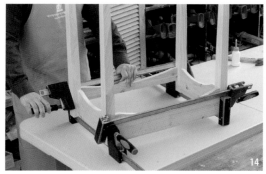

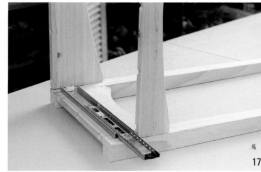

13 뒤쪽 긴 프레임 홈에 접착제를 넣고 앞쪽 프레임을 결합한 다리와 결합한다.

14 반대쪽도 같은 방식으로 다리와 프레임을 사각 틀로 결합한다.

15 레일을 부착할 기준선을 긋는다.

16 3단볼레일을 부착한다.

17 반대쪽도 같은 위치에 3단볼레일을 부착한다.

18 서랍의 틀을 타카로 결합한다.

19 바닥판을 결합한다.

20 서랍 측면에 레일을 부착한다.

21 서랍과 서랍 앞판을 나사로 결합한다.

22 프레임에 8자 철물을 결합한다.

23 철자를 이용하여 상판의 전면에 부드러운 곡선을 긋는다.

24 지그소로 곡선을 따라 오린다.

25 상판과 프레임을 좌우대칭이 되게
중간에 결합할 위치를 잡는다.
26 프레임과 상판을 8자 철물로 결합한다.

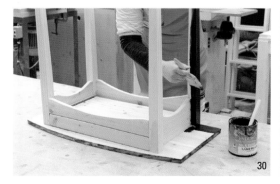

27 토치로 콘솔 상판을 태운다.
28 철브러쉬로 탄 부분을 긁어낸다.
29 상판을 전체적으로 긁고 사포나 수세미로 홈을 마무리한다.
30 블랙 밀크페인트로 다리부터 칠한다.

칠하기

31 상판의 뒷면까지 밀크페인트를 칠한다.

32 상판은 폼브러쉬를 이용해 레드 아크릴페인트 칠로 홈 깊은 곳까지 덮는다.

33 상판 단면까지 칠한다.

34 페인트가 건조될 때까지 기다린다.

35 붓으로 녹색 밀크페인트를 두껍게 덧칠한다.

36 단면도 칠한다.

37 완전히 건조될 때까지 기다린다.

38 사포로 상판을 문질러 나뭇결을 살리면서 샌딩한다.

39 먼지를 털어 내고 왁스를 발라 마감한다.

40 표면 상세.

41 현관 시선이 닿는 거실 벽면에 배치하고 화병을 놓아 장식한 콘솔.

04

거실

차 한잔의 정겨움을 나누는
학다리 차탁
Crane-leg Tea Table

차를 마시며 가까이 마주 앉은 사람의 정겨운 눈빛까지도 느낄 수 있는 작은 차탁. 차탁 뿐 아니라 다리의 곡선미를 살려 장식적인 용도로 활용해도 좋다. 찻잔에 떨어지는 물소리에 학이 날아갈까 조심조심 차를 따르다 보면 어느새 신선의 경지에 다다를 것만 같은 오묘한 느낌의 학다리 차탁이다.

난이도 ★★★ | 소요시간 6시간

Skill point

1. 밴드소를 이용해 원목다리를 곡선으로 가공한다.
2. 차탁 상판을 트리머로 45° 각도로 모서리 4면을 처리한다.
3. 프레임 간격을 조절하여 다리를 상판 안으로 들어가게 하거나,
   끝 선에 맞추거나 또는 외부에 돌출한 다양한 디자인으로 변화를 줄 수 있다.
4. 상판은 정사각형, 직사각형, 원형, 타원형 등으로 선택하여 가공할 수 있다.

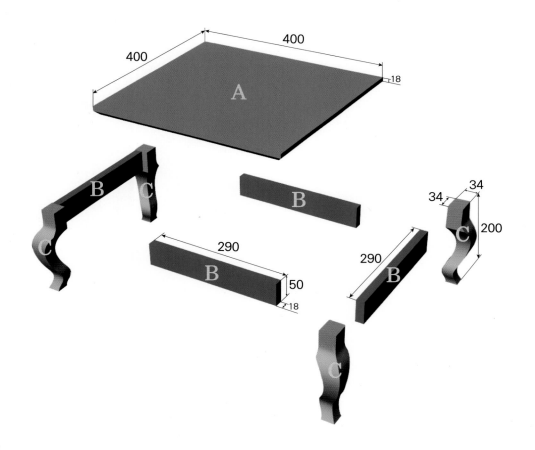

본 체		
구 분	폭×길이×두께(㎜)	수 량
A 상판	400×400×18	1
B 프레임	50×290×18	4
C 학다리	60×200×60	4

부 자 재		
구 분	길이×지름(㎜)	수 량
나사	15×8	20
나사	40×8	30
나사	50×8	30
나무못	30×8	20
8자철물	가로33×전면15/ 후면20mm	8

104

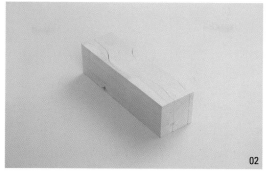

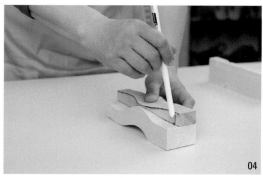

01 뉴송 각재를 수압대패, 자동대패로 면 가공을 한 55mm 각재를 준비한다. 학다리 패턴을 이용해서 각재 표면에 선을 긋는다.

02 학다리 상부 면이 직각인지 곡선 가공이 쉽도록 그려져 있는지 확인한다.

03 밴드소로 좌·우측을 오려 낸다.

04 오려낸 곡선 면에 반대쪽 패턴 선을 긋는다.

05 밴드소로 곡선을 따라 절단한다.

06 샌딩기를 이용해 120번 사포로 초벌 샌딩하고 320번 사포로 마감 샌딩한다.

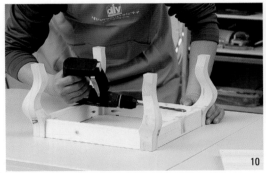

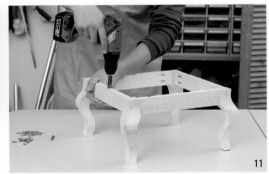

07 크레그 지그(Kreg Jig)로 프레임에 2개씩 보링(드릴홈가공)한다.

08 학다리 2개와 프레임을 크레그 나사로 결합한다.

09 결합한 다리와 나머지 프레임 2개를 연결한다.

10 나머지 학다리를 프레임과 연결한다.

11 8자 철물을 결합하기 위해 15mm 보링 비트로 3~4mm 깊이를 보링한다.

12 8자 철물을 프레임 위쪽 면에 15mm 나사로 결합한다.

네 다리가 바닥에 닿지 않는 경우

1. 다리 높이가 틀릴 때 – 다리 높이를 조정한다.
2. 프레임과 다리가 정확하게 결합되지 않았을 때
   – 해체 후 재결한다.
3. 상판이 심하게 뒤틀려 있을 때 – 상판을 교체한다.
4. 다리와 프레임의 결합이 직각이 아닐 때
   – 상판 결합 시 프레임의 직각을 유지하며 결합한다.

13 테이블 상판을 트리머의 45도 모따기날을 이용해서 4면을 깎아 낸다.

14 트리머날은 베어링이 달린 날물을 이용하여 수평, 수직을 유지하면서 가공한다.
처음부터 한 번에 가공하지 말고 날물의 깊이를 조정하면서 2~3회에 걸쳐서 가공한다.

15 테이블을 뒤집어서 프레임을 상판에 8자 철물로 결합한다.

16 수평면에 놓고 다리가 뜨지 않는지 확인해 본다.

칠하기

17 샌딩 마감하여 페인팅 준비한다.

18 차탁을 뒤집어서 바닥에 나무를 받치고 다리 부분이 위로 올라오게 놓는다.

19 로린시드 오일을 면에 묻혀 안쪽 프레임부터 바른다.

20 결을 따라 바닥면을 칠한다.

21 오일이 흘러내리는 것을 감안하여 다리 위에서 아래로 칠한다.

22 좌탁을 다시 뒤집어 페인팅 준비한다.

칠하기

23 나뭇결을 따라 상판에 오일을 바른다.

24 상판과 프레임 바깥쪽에 오일이 흘러내린 자국을 없애면서 칠한다.

25 오일이 완전히 건조되면 같은 방법으로 1~2회 재도장한다.

26 작아서 이동이 간편하고 보기에도 좋은 미니 차탁.

27 차를 마시며 가까이 마주 앉은 사람과 경거움을 나눌 수 있는 작은 차탁이다.

05

짜맞춤 방식으로 결합한
각재 테이블
Square Table

거실

나뭇결이 오롯이 살아있어 바라만 보아도 마음이 편해지는 각재 테이블. 다리와 프레임을 짜맞춤 방식으로 결합하여 다리의 변형을 최소화하였다. 테이블에서 아이와 머리를 맞대고 앉아 받아쓰기 공부하는 책상으로 사용해도 좋다. 이제 막 초등학교에 입학한 아이의 입학선물로 각재 테이블 하나 멋지게 만들어 보면 어떨까요?

난이도 ★★★ | 소요시간 5시간

Skill
point

1. 짜맞춤 방식으로 다리는 55×200×55mm 원목 각재를 이용해서 각끌기로 9mm 홈을 판다.

2. 프레임은 ㄱ자 모양으로 따내서 다리 사이를 결합한다.

3. 테이블 상판은 트리머의 볼록형둥근날로 가공하여 모양을 만든다.

4. 상판과 다리를 부착할 프레임은 상판이 수축팽창에 의한 변형이 생겨도 이동할 수 있게 8자 철물로 결합한다.

5. 페인팅은 친환경 스테인으로 착색하고 천연 코팅제로 마감한다.

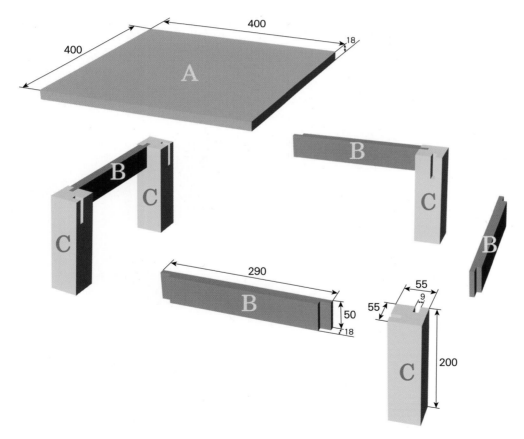

본 체		
구 분	폭×길이×두께(mm)	수 량
A 상판	400×400×18	1
B 프레임	50×290×18	4
C 다리	55×200×55	4

부 자 재		
구 분	길이×지름(mm)	수 량
나사	15×8	20
나사	40×8	30
나사	50×8	30
나무못	30×8	20
8자철물	가로33×전면15/후면20mm	8

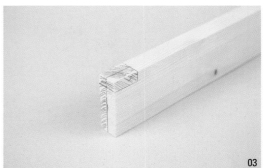

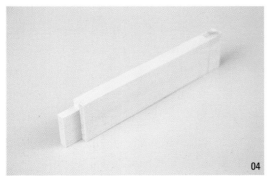

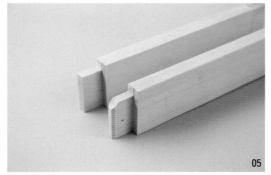

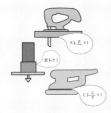

01 45mm 각재 다리에 홈 가공할 부분과 홈 깊이를 자로 측정하여 표시한다.

02 각끌기를 이용해서 홈을 판다.

03 프레임의 가공부위를 표시한다.

04 톱이나 재단기를 이용해서 표시한 부분을 가공한다.

05 프레임의 아랫부분과 한쪽 면을 사포로 갈아 놓는다.

06 다리의 홈 가공한 부분의 3면에 접착제를 바른다.

07 프레임을 다리의 가공 홈에 끼운다.

08 반대쪽 다리를 끼우고 클램프로 접착제가 굳을 때까지 고정해 놓는다.

09 나머지 프레임을 다리 사이에 연결한다.

10 결합한 다리와 프레임 안쪽에 나사를 하나씩 결합한다.

11 8자 철물을 결합하기 위해 15mm 보링 비트를 이용해 2~3mm 깊이로 가공한다.

12 트리머 날을 선택하여 비트를 부착한다.

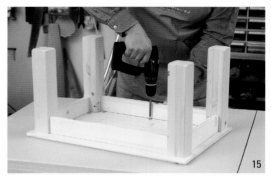

13 가공 깊이를 조절하고 고정한다.

14 테이블 상판의 모서리를 트리머의 볼록형둥근날로 가공한다.

15 상판과 다리 프레임을 15mm 나사로 결합한다.

16 다리가 잘 결합하였는지 확인한다.

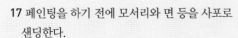

17 페인팅을 하기 전에 모서리와 면 등을 사포로 샌딩한다.

18 테이블을 뒤집어 놓고 페인팅을 준비한다.

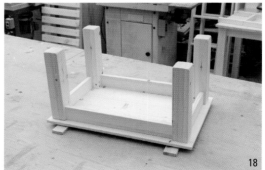

칠하기

19 테이블 뒷면부터 폼브러쉬로 결을 따라 스테인을 칠한다.

20 내부 프레임을 칠한다.

21 다리와 프레임 외부를 칠한다.

22 트리머로 가공한 테이블 상판의 경사면을 꼼꼼히 칠한다.

23 결 방향으로 스테인이 충분히 흡수될 정도로 테이블 상판을 칠한다.

24 스테인이 완전히 마른 다음 마감용 코팅제를 전체적으로 바른다.

25 320번 사포로 코팅된 면을 부드럽게 연마하여 표면을 매끈하게 한다.

26 코팅제를 전체적으로 1회 더 칠한다.

27 자연 상태에서 완전 건조시킨다.

28 나뭇결이 살아있어 어디에 놓아도 친근감이 느껴진다.

29 프레임을 ㄱ자형으로 따내고 다리 사이를 짜맞춤한 튼실한 테이블이다.

06

거실

둥글둥글 부드러운 곡선의
라운드 테이블
Round Table

부드러운 곡선의 타원형 라운드 테이블. 거실 탁자로 놓고 소파
에 앉아 있으면 치진 일상으로부터 잠시나마 편안한 마음으로
위로가 돼 줄 것만 같은 테이블. 둥근 모양의 테이블처럼 생각
도 둥글둥글, 삶도 둥글둥글, 정성스럽게 만들어 고된 일상에서
심신의 도반(道伴)으로 삼아 봄직한 원탁이다.

난이도 ★★★ | 소요시간 10시간

Skill point

1. 테이블 다리는 목선반을 이용해서 원뿔형 다리로 만든다.
2. 소파 앞에 놓는 테이블임을 감안하여 다리 높이는 384mm로 하고, 굵기는 위쪽 지름 50mm, 아래쪽 지름 25mm의 원뿔 형태로 가공한다.
3. 다리 윗면을 4도 각도 경사면으로 자르고 다리를 기울어지게 부착하여 안정감 있게 만든다.
4. 다리와 다리 사이는 각끌기로 홈을 파서 결합한다.
5. 프레임과 상판은 8자 철물을 이용해서 상판의 수축팽창으로 생길 수 있는 변형을 방지한다.

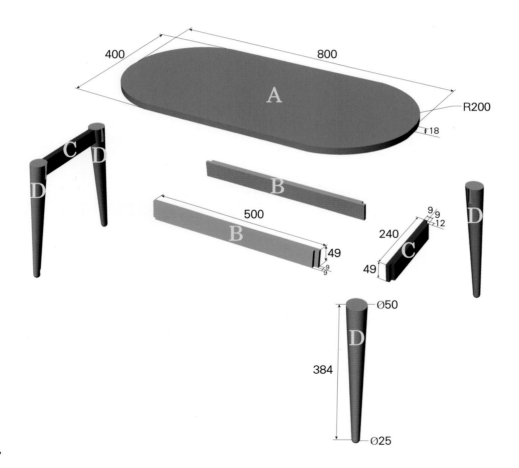

본 체		
구 분	폭×길이×두께(㎜)	수 량
A 상판	400×800×18	1
B 가로프레임	49×500×18	2
C 세로프레임	49×240×18	2
D 다리	50×384×50	4

부 자 재		
구 분	길이×지름(㎜)	수 량
나사	15×8	20
나사	40×8	20
8자철물	가로33×전면15/ 후면20㎜	10

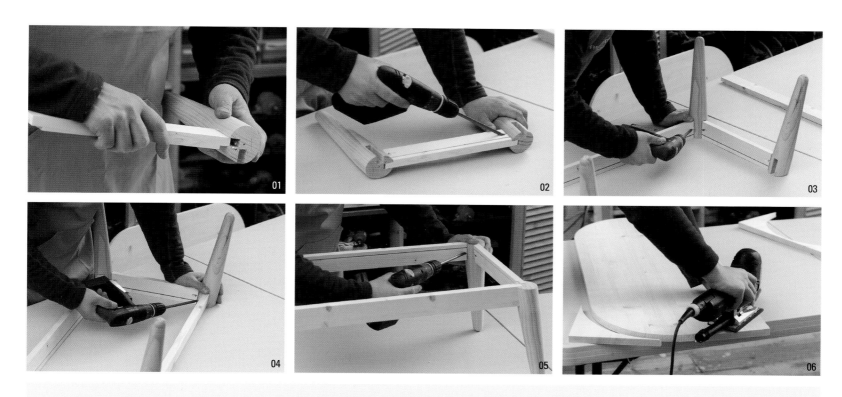

01 목선반으로 가공할 다리는 미리 각끌기로 홈을 파 놓는다. 프레임은 다리 각도 4도에 맞춰서 미리 반턱가공을 한다.

02 다리 사이에 짧은 프레임을 끼우고 나사로 결합한다.

03 짧은 프레임으로 결합한 다리에 긴 프레임을 결합한다.

04 나머지 프레임도 바닥면과 일치하게 결합한다.

05 프레임 다리를 세워서 다리가 바닥에서 뜨지 않는지 확인한다. 뜨면 프레임의 결합 각도를 조정해서 다시 결합한다.

06 결 방향에 유의하면서 지그소로 상판을 곡선으로 잘라낸다.

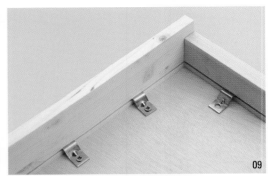

자르기

톱기
연결하기

07 가공한 상판 상세.

08 Z자 철물을 이용해서 상판과 프레임을 결합한다.

09 Z자 철물 결합 시 홈 안쪽으로 끝까지 집어넣지 말고 중간 정도에 고정한다.

10 사포로 전체를 샌딩 마감한다.

11 테이블을 뒤집어서 프레임 내부 틈새부터 꼼꼼히 칠해나간다.

12 다리는 위에서부터 칠하고 페인트가 흘러내리지 않게 한다.

칠하기

13 프레임 바깥쪽과 나머지 부분을 칠한다.

14 뒤집어서 상판을 결 방향으로 칠한다.

15 상판의 단면을 고르게 칠한다.

16 상판을 끝에서 끝까지 색이 고르게 펴지도록 칠한다.

   색이 뭉치거나, 칠이 안 된 부분을 확인하여 마무리한다.

17 상판과 다리가 부드러운 곡선으로 이루어진 라운드 쇼파테이블이다.

나무의 순결과 엇결

나무를 깎을 때 나뭇결을 따라 깎기 쉬운 방향을 '순결', 반대로 거스러미가 일어나는 방향을 '엇결'이라고 한다. 나뭇결이 산 모양을 이루는 것이 순결이고 계곡을 이루는 것을 엇결로 보면 된다. 순결로 깎을 때는 나무의 섬유가 갈라지는 방향으로 깎아서 표면이 매끄럽지만, 엇결로 깎을 때는 대패의 날 끝보다 섬유가 깊이 갈라져 표면이 거칠다. 대패질은 목재의 단면을 보고 나뭇결이 위로 올라가는 쪽으로 대패를 당긴다.

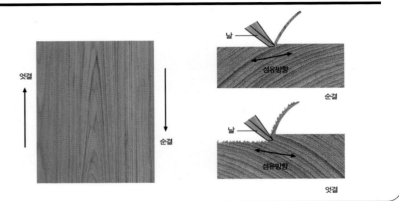

옹이 있는 나무의 선택

옹이는 보는 사람의 시각과 관점에 따라 다르게 볼 수 있다. 어떤 사람은 옹이를 하나의 흠으로 취급하여 무조건 없애 버리려고 하는 데, 이는 가공 후에 죽은 옹이 등이 탈락하는 현상 때문일 수 있다. 그러나 살아있는 옹이는 나무에만 있는 하나의 특징으로 오히려 자연스러운 멋을 살려 가치를 더하는 사람도 있다. 특히 가구 제작 시 옹이를 디자인의 포인트로 삼아 자연스럽게 표현하면 새로운 멋이 느껴지는 하나의 멋진 작품이 될 수 있다.

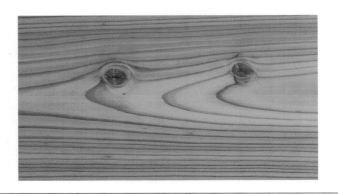

진공청소기를 이용하여 접착제로 균열 메우기

우리 일상생활에 흔한 목가구들, 오래 쓰다 보면 일부 틈이 벌어지는 균열현상이 나타나기도 한다. 그대로 내버려두면 점점 더 벌어져 버리기 아까운 고급가구를 못 쓰게 될 수도 있다. 이런 경우 균열을 메우는 좋은 방법이다. 균열이 생긴 상판 위에 목공용으로 많이 쓰는 접착제를 충분히 바르고 밑에서 진공청소기의 강력한 흡입력을 이용해서 빨아들이면 벌어진 틈 사이가 접착제로 고루 메워져 가구를 튼튼하게 보강할 수 있다.

<u>01</u> 상판 위에 목공용 접착제를 충분히 바른다.
<u>02</u> 진공청소기로 접착제를 빨아들여 균열이 생긴 틈 사이를 고루 메운다.

테이블쏘의 킥백(Kickback) 현상

테이블쏘 톱날의 앞쪽 부분은 나무를 자르면서 아래로 누르게 되지만, 톱날의 뒤쪽 부분은 물건이 닿으면 톱날의 뒷부분을 타고 올라 빠른 속도로 작업자 쪽으로 날아가게 된다. 이런 현상을 킥백(kickback)이라고 한다. 킥백은 회전하는 톱날을 가진 모든 기계에서 켜기와 자르기를 할 때 발생할 수 있는데, 조기대와 톱날은 평행이거나 먼 쪽이 약간 벌어지는 것이 좋다.

<u>01</u> 킥백이 왜 발생하는지 그리고 킥백을 어떻게 예방할지에 대해 숙지하는 것은 목공인 생존의 기술이라 할 만큼 중요하다.
<u>02</u> 테이블쏘의 10인치 톱날은 160km/h 속도로 돌기 때문에 킥백으로 날아오는 나무 조각은 미사일과 같아 멀리 있는 나무에 깊이 박힐 정도이므로 안전에 각별히 주의해야 한다.

07

어느 곳에서나 간편하게

접이의자

Folding Stool

언뜻 보면 사람의 형상을 한 것 같은 동그라미 접이의자. 평소에는 접어서 한쪽에 치워 두었다가 필요하면 어느 곳에서든 간편하게 펴서 사용할 수 있는 의자. 접어서 한 손에 들고 빛 따라, 향기 따라, 소리를 따라 장소를 옮기며 머물고 싶은 곳, 나만의 시간 속에서 분위기를 즐길 수 있는 초간편 의자이다.

난이도 ★★★ | 소요시간 6시간

> Skill point

1. 곡선날을 선택하여 지그소로 그린 원의 선을 남기고 앉는판을 원형으로 오린다.
2. 목심을 이용한 폴딩 방식으로 접이식 의자를 만든다.
3. 다리가 벌어졌을 때 앉는판의 각도를 안정적으로 지탱할 수 있도록 중앙 다리와
   좌·우측 다리를 반대 각도로 5도씩 자른다.
4. 좌·우측 다리의 맨 윗부분과 앉는판을 나비경첩으로 결합한다.

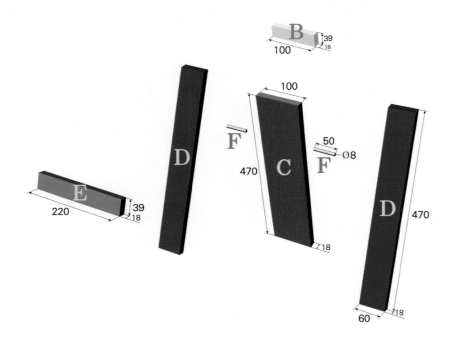

본 체		
구 분	폭×길이×두께(㎜)	수 량
A 앉는판	300×300×18	1
B 다리받침목	39×100×18	1
C 중간다리	100×470×18	1
D 좌·우다리	60×470×18	2
E 가로보조목	39×220×18	1

부 자 재		
구 분	길이×지름(㎜)	수 량
나사	15×8	20
나사	40×8	20
F. 나무못	50×8	2
나비경첩		2

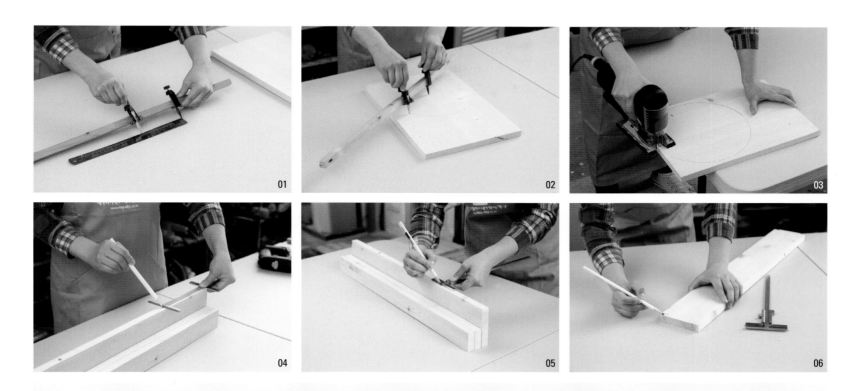

01 앉는판의 원을 그리기 위해 컴퍼스에 반지름 길이로 연필을 고정한다.

02 컴퍼스로 앉는판의 원을 그린다.

03 지그소의 오비탈을 0에 맞추고 곡선날을 선택하여 그린 원의 선을 남기고 원형으로 오린다.

04 목심을 이용해서 다리를 접었다 폈다 할 수 있도록, 중앙 다리에는 양쪽, 좌·우측 다리에는 한쪽씩 일정 거리를 표시한다.

05 목심을 중앙에 결합하기 위해 목재의 중앙 부분에 십자를 표시한다.

06 중앙 다리는 고정을 위해 좌·우측 위쪽 모서리를 ㄱ자로 표시하여 자른다.

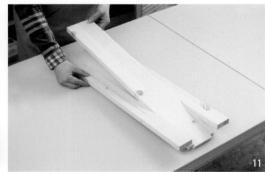

07 다리가 벌어졌을 때 앉는판의 각도를 안정적으로 지탱할 수 있도록 중앙 다리와 좌·우측 다리를 반대 각도로 5도씩 자른다.

08 8mm 드릴날로 목심이 들어갈 부분에 구멍을 뚫는다.

09 8mm 목심을 깊이 끼워 넣는다.

10 다리 3개를 목심에 끼워 연결한다.

11 다리가 부드럽게 움직이는지 확인하고 마찰이 생기는 부분은 사포로 다듬는다.

12 좌·우측 다리의 하단부에 보조 지지대를 결합한다.

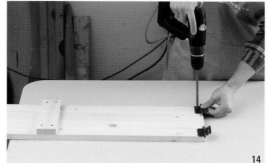

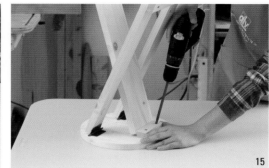

13 보조 가로대는 좌·우측 다리에만 결합하고 중앙 다리에는 결합하지 않는다.

14 좌·우측 다리의 맨 윗부분과 앉는판을 나비경첩으로 결합한다.

15 나비경첩 반대쪽에 중앙 다리가 밀리지 않게 앉는판의 밑에 보조 지지대를 부착한다.

16 편한 다리의 각도에 맞게 보조 지지대의 위치를 조절해서 안정적인 자리를 찾는다.

17 페인팅을 위해 상판과 다리를 분리한다.

18 앉는판 아랫부분부터 칠해 나간다.

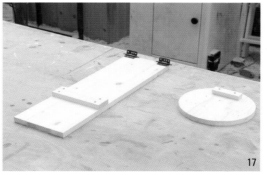

 19

 20

 21

 22

 23

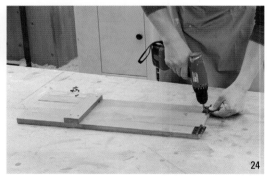 24

칠하기

19 반대 면을 칠하기 위해 페인트콘을 준비한다.

20 앉는판을 뒤집어 페인트콘에 올려놓고 위쪽 면을 칠한다.

21 다리의 내부 면을 칠한다.

22 단면을 칠한다.

23 다리를 벌려서 내부도 꼼꼼히 칠한다.

24 건조되면 코팅마감을 하고 다리의 경첩을 다시 부착한다.

25

26

칠하기

25 완성한 접이식 의자.
26 필요한 장소마다 간편하게 가져다 펴서
사용할 수 있는 초간편 의자이다.

곱자와 끈을 이용한 원과 타원 그리기

1. 곱자를 이용한 원 그리기
평면에서 원의 중심점을 기준으로 일정한 거리의 자취가 원이다. 곱자를 이용해서 원을 그려보자. 먼저 원지름을 정하고 지름 양 끝점에 못을 고정한다. 못에 곱자를 대고 두 못 사이에서 곱자가 직각을 이루도록 유지하면서 연필로 반원을 그린다. 자를 반대쪽으로 옮겨 같은 반원을 그리면 하나의 원이 완성된다.

<u>01</u> 곱자를 이용해서 두 못 사이에서 직각을 유지하면서 반원을 그린다. <u>02</u> 완성된 원

2. 끈을 이용한 타원 그리기
평면 위의 두 정점에서의 거리의 합이 일정한 점들의 자취가 타원이다. 끈을 이용하면 타원형을 쉽게 그릴 수 있다. 압정이나 못을 고정하여 두 점을 만들고 끈을 연결한다. 두 점 사이의 끈을 연필로 팽팽히 당기면서 연속해서 선을 그으면 타원이 그려진다.

<u>01</u> 두 점을 만들고 점 사이의 끈을 이용해서 선 긋기를 한다. 연필로 선을 팽팽히 당기면서 연속해서 선을 긋는다.
<u>02</u> 완성된 타원

01

02

01

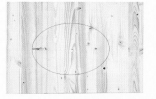

02

08

흩어진 파일들을 깔끔하게

파일꽂이

서재

File Organizer

자주 보는 책이나 파일들을 한 곳에 모아 깔끔하게 정리정돈할 수 있는 파일꽂이. 평평한 책상과 정적인 서재에 새로운 입체감과 역동성을 실어줄 파일꽂이. 나만의 개성 있는 디자인으로 작은 파일꽂이 하나 만들고 예쁘게 색칠하여 책상에 변화를 주어 보자.

난이도 ★★★ | 소요시간 4시간

Skill point

1. 파일꽂이의 크기는 잡지 사이즈인 A4(210×297mm) 크기로 한다.
2. 전면은 파일을 쉽게 꺼낼 수 있게 사선으로 잘라서 모양을 낸다.
3. 내부 칸은 얇은 합판을 끼워 넣기 위해서 파일꽂이 내부에 홈 가공한다.
4. 페인팅은 시각적인 면을 고려하여 내부와 외부, 두 가지 톤으로 한다.

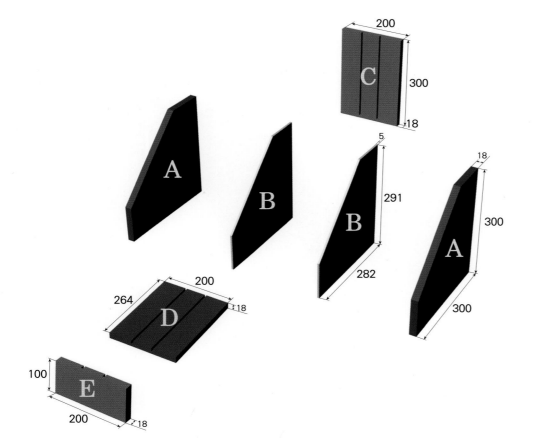

본 체		
구 분	폭×길이×두께(mm)	수 량
A 좌·우측판	300×300×18	2
B 중간합판	291×282×5	2
C 뒷판	200×300×18	1
D 바닥판	200×264×18	1
E 앞판	100×200×18	1

부 자 재		
구 분	길이×지름(mm)	수 량
나사	40×8	20
나무못	30×8	20

01

02

03

04

05

06

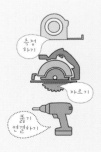

측정
하기

자르기

뚫기
연결하기

01 측면을 대각선으로 절단하기 위해 스크라이버 게이지(Scriber guage) 150mm를 이용하여
  100mm 간격으로 좌·우측에 연필로 표시한다.

02 대각선으로 절단할 부위를 표시한다.

03 전기 원형톱을 이용해 대각선으로 자른다.

04 바닥판과 뒷판에 합판이 들어갈 홈을 파고 직각으로 결합한다.

05 왼쪽 판을 결합한다.

06 반대쪽 판을 결합한다.

07

08

09

자르기

돌기
연결하기

07 앞쪽 가로판을 결합한다.
08 미리 준비한 얇은 칸막이 합판을 끼운다.
09 완성한 파일꽂이.
10 사포로 모서리 부분과 단면을 부드럽게 샌딩한다.

10

11

12

칠하기

11 폭이 단면의 두께에 맞는 마스킹테이프를
   준비한다.
12 내부와 외부를 다른 색으로 칠하기 위해
   마스킹테이프를 단면에 붙여 색 번짐을 방지한다.

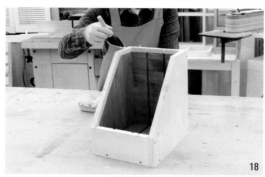

칠하기

13 내부는 밤색의 수성스테인을 칠한다.

14 중간 칸막이 합판을 칠할 준비를 한다.

15 칸막이 합판을 페인트콘 위에 올려놓고 합판 결에 따라서 수성스테인을 칠한다.

16 완전히 건조되면 마스킹테이프를 떼어낸다.

17 내부로 색이 번지지 않게 내부면 경계에 마스킹테이프를 붙인다.

18 단면의 색이 내부로 넘어가지 않게 조심스럽게 페인트를 칠한다.

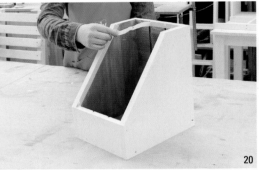

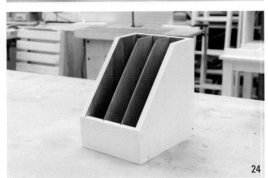

칠하기

19 외부에 흰색 페인트를 전체적으로 바른다.

20 완전히 건조되면 내부에 붙였던 마스킹테이프를 떼어낸다.

21 내부에 코팅제를 바른다. 홈에 코팅제가 뭉치지 않게 닦아내면서 바른다.

22 외부에도 코팅제를 바른다.

23 샌딩 마감 후 중간판을 끼운다.

24 두 가지 톤으로 입체감 있게 완성한 파일꽂이.

신용카드를 이용한 직각자

직각자는 모서리가 정확히 90도인지 확인하거나 모서리에 정확히 직각으로 선을 표시할 때 사용한다. 우리가 사용하는 신용카드는 직각 사각형으로 직각자를 대신하여 사용할 수 있는 도구이다. 누구나 하나씩은 지니고 다닐 신용카드를 이용해서 간단하게 직각을 확인할 수 있다.

25

칠하기

25 책상에 올려 놓고 자주 보는 책과 파일을 모아 정리하고 쉽게 꺼내볼 수 있는 파일꽂이다.

09

서 재

각도조절이 자유로운
이동기기 거치대
Mobile Device Holder

현대인들의 삶 속에 깊이 들어와 생활필수품이 된 휴대전화, 아이패드, 태블릿PC, 노트북, 게임기 등 늘 사용하는 각종 전자기기를 손에 들고 사용하면 불편할 때가 있다. 이동기기 거치대에 걸쳐놓고 좀 더 편안한 시선, 편안한 자세로 사용해 보자. 볼트를 이용해서 각도를 마음대로 조절할 수 있고 가벼워서 이동과 보관도 편리하다.

난이도 ★★★ | 소요시간 6시간

Skill point

1. 좌·우측 바닥 다리와 세로 다리 아래쪽을 7도 기울여서 금을 긋는다.
2. 종이컵을 이용해서 상판 아래 지지대의 앞·뒤쪽에 곡선을 그린다.
3. 지그소로 세로 다리와 상판 아래 지지대를 라운드로 잘라낸다.
4. 볼트를 이용해서 다양한 각도로 조절하며 볼 수 있게 한다.

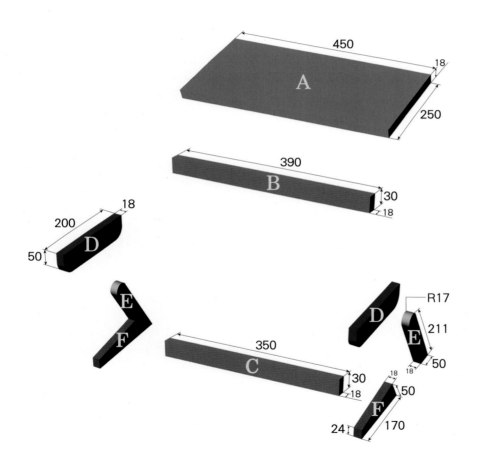

본 체		
구 분	폭×길이×두께(㎜)	수 량
A 상판	250×450×18	1
B 가로판1	30×390×18	1
C 가로판2	30×350×18	1
D 세로프레임	50×200×18	2
E 다리1	50×211×18	2
F 다리2	50×170×18	2

부 자 재		
구 분	길이×지름(㎜)	수 량
나사	40×8	20
나무못	30×8	20

144

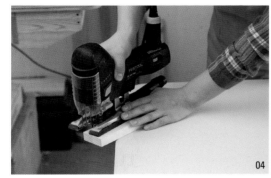

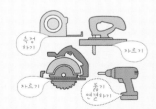

01 좌·우측 바닥 다리에 7도 기울여서 금을 긋는다.

02 각도절단기로 재단한다.

03 좌·우측 세로 다리 아래쪽을 7도 기울기로 금을 긋는다.

04 지그소로 곡선으로 자르고 위쪽에 6mm 구멍을 뚫는다.

05 바닥 다리와 세로 다리를 결합한다.

06 다리의 아래쪽 가로 지지대를 결합한다.

07 반대쪽 다리도 결합한다.

08 종이컵을 대고 상판 아래 지지대의 앞·뒤쪽에 선을 그린다.

09 지그소를 이용해 라운드로 잘라낸다.

10 아래 지지대의 1/3 지점에 6mm 구멍을 뚫는다.

11 아래 지지대를 결합하기 위해 상판에 결합 위치를 표시한다.

12 아래 지지대를 상판과 결합한다.

돌기
연결하기

13 상판 아래쪽에 가로 받침대를 결합한다.

14 6mm 볼트를 아래 지지대 구멍에 끼워 놓는다.

15 상판과 다리 부분을 나비볼트로 결합한다.

16 모서리, 면 등을 샌딩하여 마감한다.

칠하기

17 페인팅을 위해 볼트, 너트를 분리한다.

18 상판을 뒤집어서 아래 지지대부터 칠한다.

칠하기

19 메탈 질감이 나는 메탈페인트로 상판의 바닥면부터 칠한다.

20 모서리 부분을 칠한다.

21 상판을 페인트칠할 때는 붓 자국이 일정하게 나도록 한쪽 방향으로 칠한다.

22 다리 바닥면을 칠한다.

23 다리 부분을 고르게 칠한다.

24 다리의 아래쪽 가로 지지대를 칠한다.

칠하기

25 페인트콘을 이용해서 바닥에 묻지 않게 칠한다.

26 페인트가 완전히 건조되면 나비볼트와 너트로 다시 결합한다.

27 완성한 이동기기 거치대.

28 거치대를 경상이나 서안처럼 서재에 두고 독서대로도 활용할 수 있다.

29 책상 위에 놓고 태블릿 PC를 걸치면 고개를 들고 편리하게 볼 수 있다.

10

공간을 마음대로 가변형

접이테이블
Drop-leaf Table

때로는 짧게 때로는 길게, 좁게 사용하다 필요에 따라 확장하여 넓게 사용할 수도 있는 요술 접이테이블. 공간에 따라 접었다 폈다 변화를 주면서 효율적으로 편리하게 사용할 수 있는 테이블. 펴서 위로 올리는 확장형 테이블로 안에서 받침대가 나와 밑을 지지해주는 구조여서 펼쳐도 안정적으로 사용할 수 있는 접이테이블이다.

난이도 ★★★ | 소요시간 8시간

Skill point

1. 공간에 따라 때로는 좁게, 때로는 넓게 조절하여 사용할 수 있는 가변형 구조로 만든다.
2. 테이블은 한 명을 기준으로 600mm 정도가 필요한 최소 공간이다.
3. 폴딩판이 휘지 않도록 나뭇결 방향으로 보조목을 판에 덧댄다.
4. 폴딩판을 경첩으로 결합하고 ㅂ자 모양의 받침대로 밑을 지지해 준다.

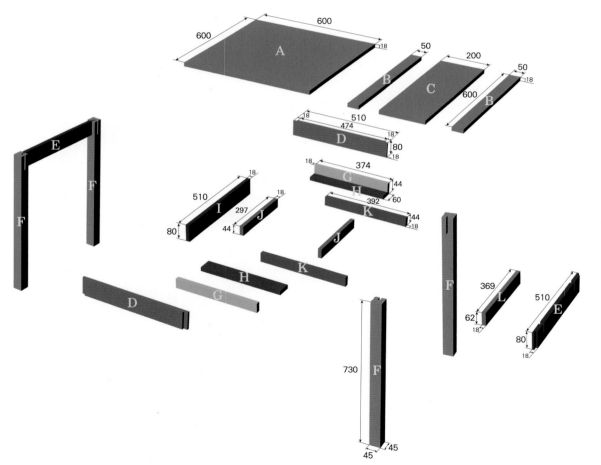

본 체		
구 분	폭×길이×두께(mm)	수 량
A 상판1	600×600×18	1
B 상판2	50×600×18	2
C 상판3	200×600×18	1
D 가로프레임1	80×510×18	2
E 세로프레임1	80×510×18	2
F 다리	45×730×45	4
G 레일가이드1	44×374×18	2
H 레일가이드2	60×374×18	2
I 세로프레임2	80×510×18	1
J 보조 중앙세로판1	44×297×18	2
K 가로프레임2	44×392×18	2
L 보조 중앙세로판2	62×369×18	1

부 자 재		
구 분	길이×지름(mm)	수 량
나사	30×8	40
나사	60×8	10
나무못	30×8	20
나비경첩		2

01 미리 재단하여 준비한 받침대 틀을 결합한다.

02 받침대를 ㅂ자 모양으로 결합한다.

03 받침대 앞판은 좌우로 10mm 돌출해서 받침대 이동 시 홈을 가릴 수 있게 부착한다.

04 다리와 책상 프레임을 결합한다.

05 받침대의 깊이를 고려해서 받침대가 필요 이상으로 깊이 들어가지 않게 중간 칸막이를 부착한다.

06 받침대가 이동할 수 있게 틀을 결합한다.

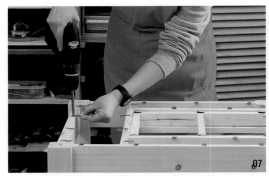

07 8자 철물을 프레임에 결합한다.

08 테이블 상판과 다리 프레임을 결합한다. 이때 받침대를 먼저 장착하고 결합한다.

09 폴딩판이 휘지 않도록 나뭇결 방향으로 보조목을 판에 결합한다.

10 테이블 상판을 뒤집어서 폴딩판을 경첩으로 결합한다.

11 사포질을 하여 마감한다.

12 폴딩 기능이 잘 되는지 확인한다.

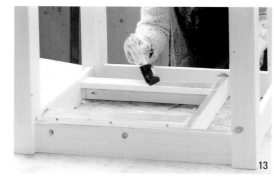

13 칠을 위해 상판을 분리하고 테이블을 뒤집어서 밑에서부터 칠한다.

14 프레임 아래쪽 모서리 등을 꼼꼼히 칠한다.

15 테이블 다리와 프레임을 칠한다.

16 페인트가 흘러내린 부분이 있는지를 확인하면서 붓자국이 남지 않게 마무리한다.

17 받침판도 내부부터 칠한다.

18 테이블 상판은 결을 따라 칠한다.

칠하기

19 단면으로 흘러내린 자국을 없애면서 측면을 칠한다.

20 한 면이 건조되면 뒤집어서 반대쪽을 칠한다.

21 폴딩판도 앞, 뒷면을 칠한다.

22 코팅제를 바르고 건조되면 320번 이상 사포로 샌딩하고 1회 이상 코팅 샌딩한다.

23 폴딩판을 결합하여 마무리한다.

24 접었다 폈다 공간에 따라 크기 조절이 가능한 가변형 폴딩테이블.

칠하기

25 공간에 따라 좁혔다 넓혔다 할 수 있는
가변형 테이블로 쓰임새가 크다.

목재 재단 시 톱날 두께 고려하기

목재 재단 시 옹이나 갈라짐, 부패한 부분은 피하고, 큰 사이즈부터 작은 것 순으로 재단하여 목재의 낭비를 최소화
한다. 특히 절단공구를 사용하면 약 3mm 정도 톱날 두께만큼 잘려나가므로 사용할 부분의 정확한 재단을 위해서
는 절단선을 기준으로 남는 부분에 톱날이 가도록 위치해야 한다.

01, 02 금속 작업대가 달린 테이블 톱을 이용하여 목재를 재단한다.
03 목재 재단 시 절단선과 톱날 두께 표시 상세.

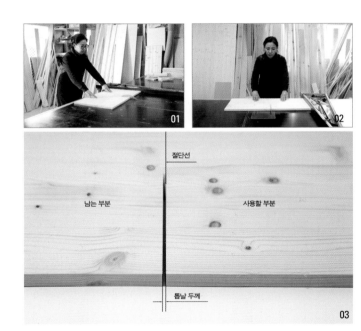

11

서 재

정리정돈을 일목요연하게

잡지꽂이
Magazine Holder

세상 돌아가는 소식들이 실린 잡지나 자주 보고 싶은 책, 읽고 있는 책들을 손쉽게 진열하고 꺼내볼 수 있는 잡지꽂이. 한눈에 쏙 들어오도록 전면을 3단으로 디자인하여 사용이 편리하다. 바닥에 놓아도 안정감이 있고 벽에 부착하여 사용하면 인테리어 효과까지 일석이조 아이템이다.

난이도 ★★★ | 소요시간 5시간

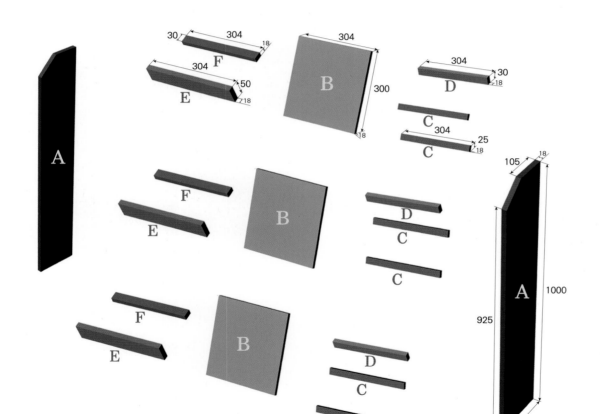

Skill point

1. 좌·우측 판의 윗부분을 45도 각도로 자른다.
2. 뒷판 대신 가로 보조목을 붙인다.
3. 책이 앞으로 쓰러지지 않게 가로 판을 적당한 높이에 부착한다.
4. 받침판의 뒷면에 판이 휘어지지 않게 가로 보조대를 댄다.

본 체		
구 분	폭×길이×두께(mm)	수 량
A 세로판	180×1000×18	2
B 가로판	304×300×18	3
C 가로판 보조목1	25×304×18	6
D 가로판 보조목2	30×304×18	3
E 앞 가로칸막이	50×304×18	3
F 뒤 가로칸막이	30×304×18	3

부 자 재		
구 분	길이×지름(mm)	수 량
나사	30×8	40
나사	60×8	10
나무못	30×8	20

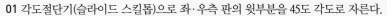

01 각도절단기(슬라이드 스킬톱)으로 좌·우측 판의 윗부분을 45도 각도로 자른다.

02 좌·우가 대칭되도록 좌·우측 판을 준비한다.

03 판을 기울일 수 있게 가로 보조대를 뒤쪽에 댄다.

04 앞쪽은 책이 빠지지 않게 넓은 폭의 보조대를 댄다.

05 받침판의 뒷면에 판이 휘어지지 않게 가로 보조대를 댄다.

06 받침판을 책꽂이 칸 사이에 끼워 넣는다.

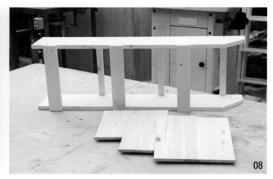

칠하기

07 샌딩 마감한다.

08 페인팅 작업을 하기 위해 판을 분리한다.

09 책꽂이 내부를 먼저 수성스테인으로 칠한다.

10 전면부를 칠한다.

11 좌·우측 판의 외부를 칠한다.

12 받침판은 수성스테인 그린 색으로 바닥 쪽을 먼저 칠한다.

칠하기

13 뒤집어서 페인트콘에 올려 놓고 반대쪽도 칠한다.

14 수성스테인이 완전히 건조되면 바니쉬로 코팅하여 마감한다.

15 완성한 잡지꽂이.

16 3단으로 디자인하여 한 눈에 시원하게 훑어보고 찾을 수 있는 잡이꽂이다.

17 안정적인 구조로 바닥에 두거나 벽에 부착하여 사용할 수 있다.

12

서재

어느 방향이든 자유롭게

회전의자
Turning Chair

다리는 꼿꼿하게 그러나 몸은 자유롭게 마음대로 돌고 돌릴 수 있는 회전의자. 풍경이 한눈에 들어오는 곳에 놓고 시선이 머무는 곳을 바라보며 삶의 풍경을 관조할 수 있는 감성 의자. 제자리에 앉은 채로 좌·우 방향전환을 할 수 있는 회전판을 만들고 등받이 곡선이나 앉는판의 복곡면을 안정감있게 디자인하였다.

난이도 ★★★ | 소요시간 12시간

165

Skill point

1. 다리 윗부분을 5도 경사로 가공한다.
2. 다리 가운데 부분은 십자로 반턱가공 한다.
3. 회전판을 이용하여 회전의자로 만든다.
4. 의자 등받이를 곡선으로 가공하고 앉는판을 복곡면으로 가공한다.

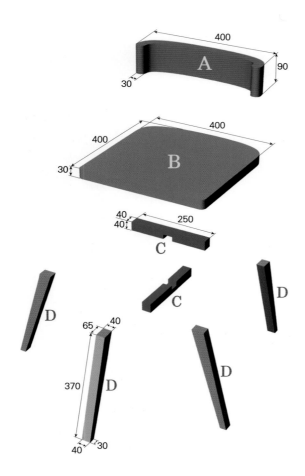

	본　체	
구　분	폭×길이×두께(㎜)	수 량
A　등받이	90×400×90	1
B　앉는판	400×400×30	1
C　프레임	40×250×40	2
D　다리	40×370×65	4

	부 자 재	
구　분	길이×지름(㎜)	수 량
나사	30×8	40
나사	60×8	10
나무못	30×8	20
회전판	가로150×세로150×두께10	1

01 다리 부분은 경사지게 선을 긋는다.

02 다리 윗부분은 5도 경사선을 긋는다.

03 다리 가운데 부분은 십자로 반턱가공을 위해 절반만 선을 긋는다.

04 지그소를 이용해 반턱가공으로 홈을 낸다.

05 다리와 반턱가공한 프레임을 결합한다.

06 다리의 반턱을 끼워서 결합한다.

07 90mm 각재에 등받이 곡선을 그린다.

08 곡선을 따라 지그소로 잘라낸다.

09 트리머로 모따기 한다.

10 샌딩기로 표면을 샌딩한다.

11 앉는판에 등받이를 대고 선을 긋는다.

12 지그소로 등받이 모양을 오린다.

13

14

15

16

13 등받이를 결합한다.
14 다리에 회전판을 결합한다.
15 앉는판과 회전판을 결합한다.
16 샌딩하여 마감한다.

칠하기

17 의자를 뒤집어서 페인팅 준비한다.
18 다리 안쪽부터 수성스테인을 바른다.

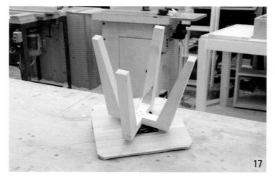

17

18

칠하기

19 다리를 전체적으로 칠한다.

20 앉는판 바닥을 칠한다.

21 똑바로 세워서 등받이부터 칠한다.

22 앉는판을 칠한다.

23 페인트가 마르면 바니쉬를 전체적으로 칠한다.

24 샌딩 후 코팅제를 2회 이상 바른다.

25

26

27

칠하기

25 완성한 회전의자.

26 제자리에 앉은 채로 좌우 방향전환을 하며
   마음대로 움직일 수 있는 회전의자.

27 시선이 닿는 곳에 멈추어서 삶의 풍경을 관망할 수 있는
   감성 회전의자이다.

TIP
15

오비탈(Orbital) 기능

지그소(Jig Saw)는 통상적으로 단순히 상하 반복운동을 하며 목재나 철재 등을 절단할 때 사용하는 전동공구다. 여기에 좌우로 떨리는 운동을 추가하여 불규칙한 궤적을 그리며 절단 효과를 높인 것이 오비탈기능이다. 지그소에 좌우운동이 추가되어 '단순 상하운동'이 '진동이 섞인 상하운동'으로 변환되어 작업 능력이 두드러지게 높아진다. 다만 불규칙한 진동으로 작업 표면이 거칠어지고 정확성이 떨어지므로 작업 상황에 맞는 기능선택이 필요하다.

01

02

01 **지그소(Jig Saw)**. 상하 반복운동을 하며 목재나 철재
   등을 절단하는 전동공구다.

02 **오비탈(Orbital) 기능**. 작업 날에 회전과 직선운동이 동시에
   일어나 불규칙한 궤적을 그리며 작동하는 기능이다.

13

자세를 꼿꼿하게 바로잡는

원목의자
Wooden Chair

아무것도 갖지 말라는 것이 아니라 불필요한 것을 갖지 말라는 「법정 스님의 의자」를 연상케 하는 사색적인 의자. 딱딱한 의자가 주는 긴장감으로 인해 자세를 바로잡으면 하는 일에 더욱 박차를 가하여 진취적인 추진력을 실어 줄 것만 같은 의자. 정성껏 만든 의자에 바로 앉아 자신을 위한 명상의 시간을 가져보면 어떨까요?

난이도 ★★★ | 소요시간 6시간

Skill point

1. 의자 앉는 부분은 400×400mm, 높이는 400~450mm 정도가 표준이다.
2. 등받이와 앞·뒤 다리의 각 방향으로 5도 정도 기울기가 필요하다.
3. 다른 색의 밀크페인트를 여러 겹으로 칠하고 왁스를 문질러 주면 자연스러운 색의 조합을 만들어 낼 수 있다.
4. 편안한 의자는 앉는 부분에 적당한 굴곡면이 있어야 한다.

본 체		
구 분	폭×길이×두께(mm)	수 량
A 뒷다리	30×940×40	2
B 앞다리	30×430×40	2
C 가로프레임	70×325×30	2
D 세로프레임	70×320×40	2
E 앉는판	60×420×18	6
F 등받이판	60×325×18	5

부 자 재		
구 분	길이×지름(mm)	수 량
나사	50×8	50
나무못	30×8	50

01 등받이 각도를 5도 정도로 하고 합판으로 뒤쪽 다리의 본을 만들어서
　 가공할 목재에 대고 선을 그린다.

02 앞쪽 다리의 본을 그린다.

03 앉는판 좌·우측 프레임의 곡선을 그린다.

04 지그소로 등받이와 다리를 잘라낸다.

05 앉는판 좌·우측 프레임도 지그소로 잘라낸다.

06 뒷다리와 곡선 가공한 프레임을 70mm 하프타입 나사로 결합한다.

07 앞다리를 결합해서 h자 모양으로 2개 만든다.

08 의자의 앞쪽 프레임을 대어 h자 2개를 연결한다.

09 뒤쪽 프레임을 결합한다. 프레임을 결합하고 난 후 다리 4개가 바닥면에 잘 닿는지 확인한다.
    프레임을 결합한 좌·우측 다리가 같지 않으면 바닥에 잘 닿지 않고 뒤뚱거린다.

10 앉는판을 프레임 각도에 맞춰서 결합한다.

11 등받이판을 결합한다.

12 사포로 샌딩하여 마감한다.

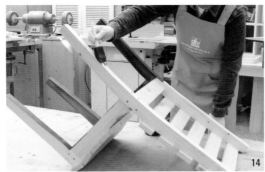

13 의자는 뒤쪽 바닥면부터 검은색 밀크페인트를 칠한다.

14 칠이 흐르지 않게 다리를 칠한다.

15 의자를 세워서 프레임과 다리를 칠한다.

16 앉는판은 결을 따라 칠한다.

17 등받이 부분을 칠한다.

18 홈 부분은 작은 붓으로 안쪽까지 꼼꼼하게 칠한다.

칠하기

19 전체적으로 다른 밀크페인트를 덧칠한다.

20 사포 220번으로 중간을 살짝 갈아서 벗겨 낸다.

21 천에 왁스를 묻혀 앉는판부터 문질러 색상이 섞이도록 칠한다.

22 사포질한 부분의 경계를 문질러 자연스럽게 만든다.

23 왁스가 묻지 않은 새 천으로 문질러 전체적으로 윤나게 한다.

24 칠을 완성한 의자.

25 딱딱한 의자가 주는 긴장감으로 자세를 바르게 하고 진취감을 고취시키는 의자이다.

줄자 끝에 달린 후크

줄자 끝에 달린 후크는 후크의 두께만큼 좌우로 움직이게 되어 있는데, 길이를 측정할 때 후크의 두께만큼 발생하는 오차를 없애기 위함이다. 안쪽을 측정할 때는 후크가 안으로 움직이고 바깥쪽을 측정할 때는 밖으로 움직인다. 후크에 나 있는 구멍은 못을 걸기 위한 용도다.

연필심과 선의 종류

연필은 연필심이 무르고 단단한 정도에 따라 B, BH, H가 있다. B에서 H로 갈수록 심이 단단하고 앞에 함께 나오는 숫자가 클수록 그 성질이 강하다. 연필의 진하기는 B, HB가 적당하고 연필 끝에 지우개가 달린 타입이 편리하다. 선의 종류는 바깥 테두리를 그릴 때는 실선, 보이지 않는 부분을 그릴 때는 점선, 길이를 표시할 때는 그림과 같이 양쪽으로 화살 표시를 한다. 연필심은 납작하게 깎으면 고르고 가는 선을 그리기가 좋다.

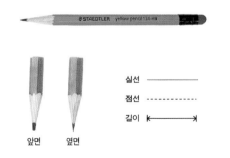

앞면　옆면

실선	——————
점선	- - - - - - -
길이	←————→

14

정보와 게시물을 한눈에
스탠드 게시판
Stand Board

사무실 한쪽에 턱 하니 버티고 서서 나를 보라는 듯 서 있는 스탠드 게시판. 합판에 칠판 페인트를 칠해 사용하거나 화이트보드 시트지를 부착하여 마카펜을 사용해도 좋다. 직원이나 손님에게 전달하고 싶은 소식, 글이나 메모지를 스탠드 게시판에 붙여 보자. 시간의 구애를 받지 않고 언제든지 의사소통의 한몫을 톡톡히 해낼 스탠드 게시판이다.

난이도 ★★★ | 소요시간 4시간

Skill point

1. 합판에 칠판페인트를 칠해서 사용할 수도 있고 화이트보드 시트지를 부착해서 마카펜을 사용할 수도 있다.
2. 나무 폭이 넓은 소재를 결합할 때 이중드릴날이 긴 것을 사용하거나 드릴날을 이용해서
   하프타입 나사 윗부분까지 들어갈 수 있는 깊이로 구멍을 뚫어서 결합한다.
3. 나사는 하프타입 나사를 이용해서 튼튼하게 결합한다.
4. 뒷판 결합 시 트리머로 ㄱ자 모양의 턱을 가공하고 합판을 안으로 넣어서 마무리한다.

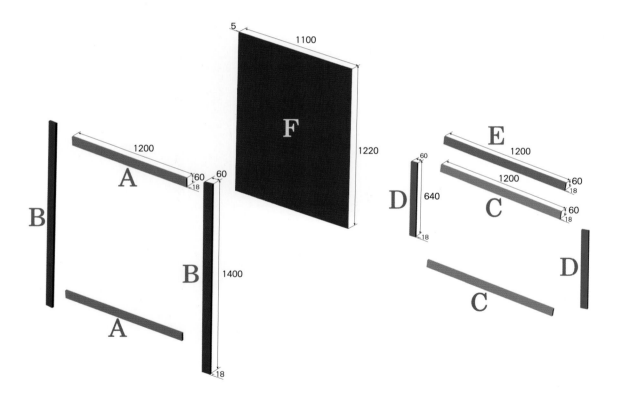

본 체		
구 분	폭×길이×두께(mm)	수 량
A 가로프레임1	60×1200×18	2
B 세로프레임1	60×1400×18	2
C 가로프레임2	60×1200×18	2
D 세로프레임2	60×640×18	2
E 보조 가로대	60×1200×18	1
F 뒷판	1100×1220×5	1

부 자 재		
구 분	길이×지름(mm)	수 량
나사	50×8	30
나무못	30×8	30

01 드릴을 이용해서 뒷받침대 틀을 결합한다.

02 H자 모양으로 결합한다.

03 하프타입 나사 윗부분(나사산이 없는 부분)까지 들어갈 수 있는 깊이로 구멍을 뚫는다.

04 받침대 윗부분도 하프타입 나사로 결합한다.

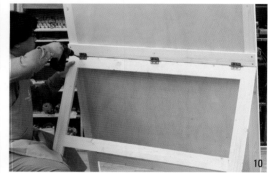

05 본체 틀을 결합한다.

06 합판이 들어갈 부분을 트리머 일자날로 턱이 생기도록 홈을 판다.

07 타카나 작은 나사로 합판을 틀 안에 고정한다.

08 본체 틀 뒷면에 보조나무를 가로질러 고정한다.

09 보조나무에 나비경첩을 3개 부착한다.

10 뒷받침대 부분과 본체를 나비경첩으로 결합한다.

11 샌딩하여 마감한다.

12

13

칠하기

12 페인트는 전체적으로 한색을 칠하고 코팅하여 마감한다.
13 전달하고자 하는 사안을 스탠드 게시판에 붙여놓으면 시간에 관계없이
　　의사소통의 통로 역할을 할 수 있다.

중심선을 쉽게 표시하는 나무블록

가구 뒷판을 타카로 결합할 경우 중간에 선을 긋거
나 긴 자를 이용해서 중심선을 찾아 결합해야 한다.
양쪽 나무블록에 고무줄을 연결하면 좁거나 넓은 뒷
판을 결합할 때 길이 조절을 하면서 쉽게 기준선을
잡고 전천후로 사용할 수 있다. 선을 긋거나 중심선
을 찾아야 하는 번거로운 공정을 줄이며 효율적인
작업을 할 수 있는 아이템이다.

01 두 개의 나무블록과 고무줄.
02 중심선을 쉽게 표시하는 나무블록을 이용하여
　　상자 뒷판을 타카로 결합한다.

01

02

15

짜임새 있는 네 칸 수납공간

십자수납장
Cross Storage Cabinet

커피를 넣어두면 왠지 숲 속에서 방금 따온 것처럼 커피향
이 솔솔 날 것만 같은 십자수납장. 네 칸으로 만들어 공간의
짜임새가 있고 어디에 놓아도 손색없는 장식효과까지 갖추
었다. 프레임과 널판를 기본 구조로 프레임은 원목, 앞판과
뒷판은 합판 소재를 이용해 쓰임새 있게 만든 수납장이다.

난이도 ★★★ | 소요시간 7시간

Skill point

1. 상판과 좌·우측 판에 합판이 들어가게 홈을 가공하여 뒷판을 결합한다.
2. 가운데 칸막이를 일자로 부착하는 방법을 알아보자.
3. 십자로 교차하는 부분을 나사로 경사지게 비켜 박는다.
4. 문짝의 앞판과 손잡이 색을 본체와 달리하여 두 가지 톤으로 처리한다.

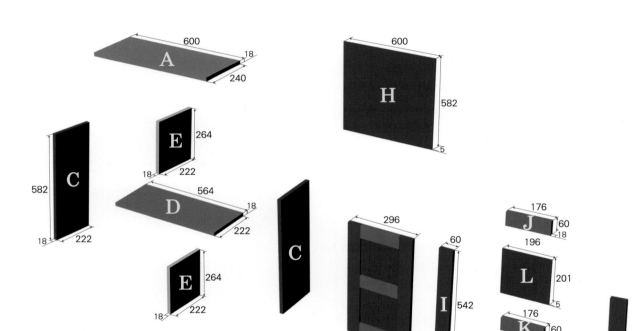

본　체		
구　분	폭×길이×두께(㎜)	수 량
A 상판	240×600×18	1
B 바닥판	222×564×18	1
C 세로판1	222×582×18	2
D 중간선반	222×564×18	1
E 세로판2	222×264×18	2
F 앞걸레받이	36×600×18	1
G 뒤걸레받이	18×564×18	1
H 뒷판	582×600×5	1
I 문세로살	60×542×18	4
J 문가로살	60×176×18	4
K 문중간살	60×176×18	2
L 문알판	196×201×5	4

부 자 재		
구　분	길이×지름(㎜)	수 량
나사	40×8	50
나사	60×8	24
나무못	30×8	30
숨은경첩		4

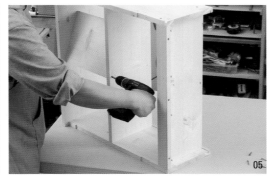

01 상판과 좌·우측 판에 합판이 들어가게 홈을 가공하고 결합한다.

02 바닥판에 걸레받이를 부착한다.

03 바닥판을 몸통에 결합한다.

04 중간 선반을 가운데 결합한다.

05 몸통을 옆으로 눕혀서 세로판의 위쪽 앞부분 한쪽과 천판의 앞쪽에 각각 1개씩 나사로 결합한다.

06 같은 방법으로 아래쪽 세로판의 위·아래에 나사 1개씩 결합한다.

 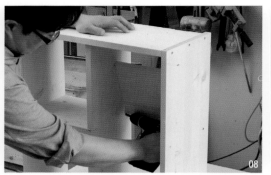 

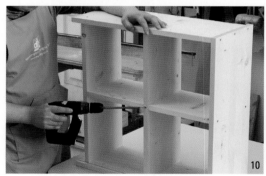  

07 아래쪽을 수평으로 세워서 중간판 뒤쪽에서 나사를 결합한다.

08 아래쪽판 앞쪽의 나사를 결합한다.

09 위쪽판을 꺾어서 수평 상태를 유지하면서 상판에서 결합한다.

10 십자로 교차하는 부분은 나사를 비켜 경사로 박는다.

11 뒤판을 좌·우측 판과 상판의 홈 사이로 끼워 넣는다.

12 뒤판을 나사로 결합한다

  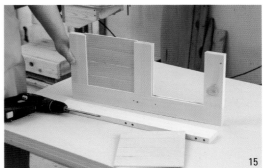

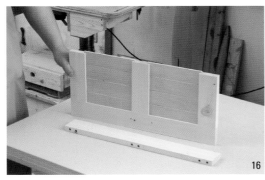 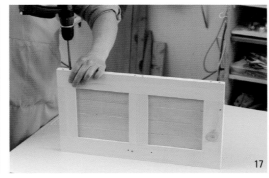 

13 드릴프레스를 이용하여 문짝 프레임에 수직으로 구멍을 뚫는다.

14 문의 세로살과 가로살을 ㅌ자 모양으로 결합한다.

15 원목 프레임에 합판 소재인 앞판을 끼워 넣는다.

16 나머지 칸도 합판을 끼워 넣는다.

17 문 세로살을 결합한다.

18 문에 나비경첩을 부착한다.

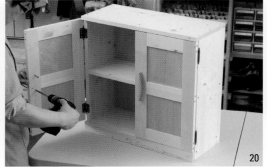
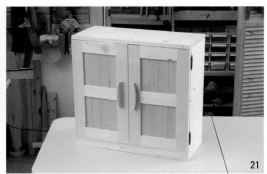

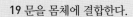

19 문을 몸체에 결합한다.

20 손잡이 구멍을 뚫어 손잡이를 부착한다.

21 손잡이를 부착한 모습.

22 샌딩하여 마감한다.

23 페인팅을 위해 문짝을 분리한다.

24 몸통 내부를 유성오일스테인으로 칠한다.

칠하기

25 면천으로 문질러 색을 고르게 잘 편다.

26 같은 방법으로 내부를 칠한다.

27 면천을 이용해서 색을 고르게 한다.

28 전면을 고르게 칠한다.

29 바닥면을 칠한다.

30 뒷판을 칠한다.

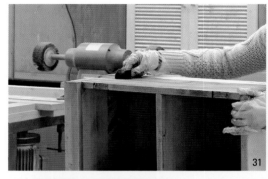

칠하기

31 옆판을 칠한다.

32 상판을 칠하고 면천으로 마무리한다.

33 문짝은 분리한다.

34 문짝의 가로살, 세로살을 유성오일스테인으로 칠한다.

35 면천으로 문질러서 색을 고르게 만든다.

36 문짝의 앞판은 그린 수성스테인을 칠한다

37

38

39

40

41

칠하기

37 손잡이도 그린 수성스테인을 칠한다.

38 짜임새 있는 내부가 들여다보인다.

39 완성한 십자수납장.

40 커피 용품 등 다용도로 활용할 수 있는 십자수납장이다.

41 빈티지한 느낌의 수납장으로 어디에 놓아도 친근감있게 잘 어울린다.

16

공간활용과 장식효과까지

머그컵 홀더
Mug Cup Holder

장식효과와 더불어 좁은 공간에서도 많은 컵을 끼워 놓을 수 있는 머그컵 홀더. 사과 그림 컵을 걸어 두면 사과나무, 라일락꽃 그림 컵을 걸어두면 라일락 나무로 변신하는 머그컵 홀더. 계절감각에 맞는 색상과 다양한 모양의 컵을 걸어 사계절의 느낌을 개성 있게 표현하고 장식 효과까지 내보자.

난이도 ★★★ | 소요시간 6시간

Skill point

1. 자주 사용하는 컵이 컵걸이에 끼워질 수 있도록 공간디자인을 한다.
2. 나무에 그린 본대로 지그소로 모양을 오려낸다.
3. 바닥판은 트리머 45도 모따기날을 이용해서 모서리를 가공한다.
4. 기둥 4면에 트리머 일자날을 이용해서 홈 가공한다.

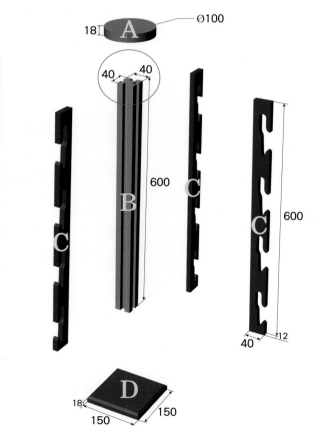

Ø100

18 A

40 40

600

B

C

C

C

C 600

40 12

D

18 150

150

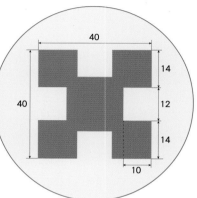

B단면 상세도

40

14

12

14

10

40

본 체		
구 분	폭×길이×두께(㎜)	수 량
A 상판	100×100×18	1
B 중앙 기둥	40×600×40	1
C 컵걸이대	40×600×12	4
D 바닥판	150×150×18	1

부 자 재		
구 분	길이×지름(㎜)	수 량
나사	30×8	20
나무못	30×8	10

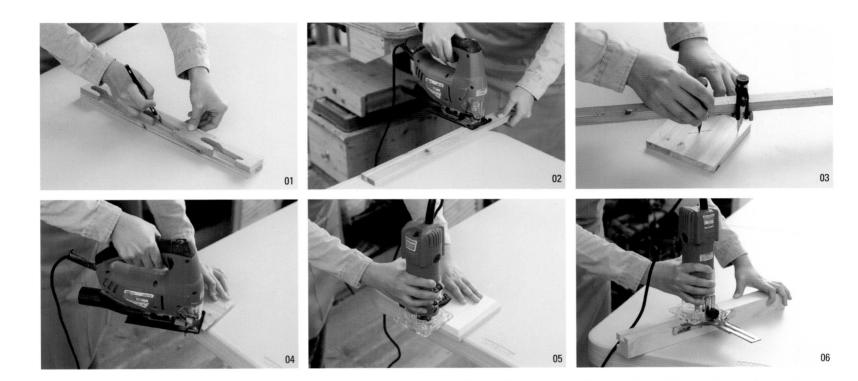

01 머그컵을 걸 수 있도록 미리 준비한 본을 나무에 그린다.
02 지그소로 모양을 오려낸다.
03 뚜껑의 원을 컴퍼스로 그린다.
04 지그소로 오려낸다.
05 바닥판은 트리머 45도 모따기날로 모서리를 가공한다.
06 기둥의 4면을 트리머 일자날로 홈 가공한다.

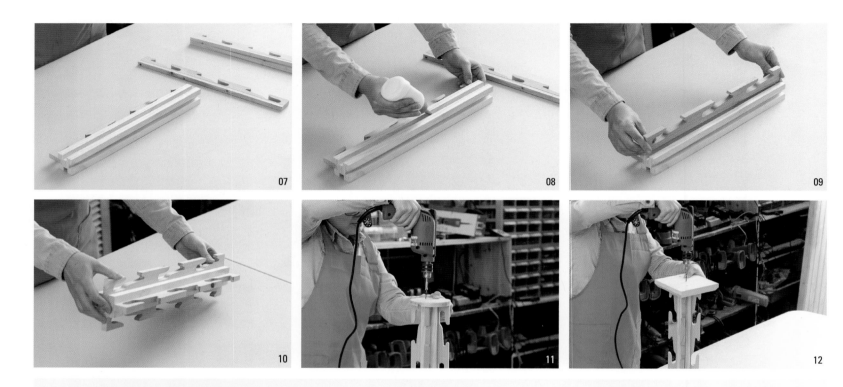

07 기둥 홈에 컵걸이가 끼워지는지 확인하고 필요하면 보완 작업한다.

08 홈에 접착제를 골고루 바른다.

09 받침대를 끼워서 고정한다.

10 접착제가 완전히 마를 때까지 건조한다.

11 뚜껑을 결합한다.

12 바닥판을 결합한다.

칠하기

13 수성스테인을 준비한다.

14 헝겊이나 스펀지로 안쪽 부분부터 칠한다.

15 받침대를 칠한다.

16 바닥판을 칠한다.

17 뚜껑을 칠한다.

18 바니쉬를 바르고 건조한 후 고운 사포로 면을 샌딩한다.

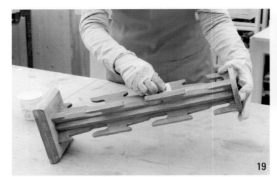

19 마감 바니쉬를 한 번 더 바른다.

20 완성한 머그컵 홀더.

21 많은 컵을 끼울 수 있어 좁은 공간을 효율적으로 쓸 수 있다.

22 씽크대 위에 올려 놓고 장식효과를 낼 수도 있다.

트리머의 홈파기 종류

트리머의 홈파기 날은 나뭇결에 나란히 또는 가로질러 움푹 파인 부분을 만들 수 있다. 잘 판 홈은 나뭇결 방향으로 나 있고 서랍 바닥, 서랍장 뒷판, 양측면맞춤 등을 고정하는 데 많이 사용한다. 나뭇결과 수직으로 나 있는 홈을 하우징이라 하며 책장 측면에 고정선반 등을 잇는 데 사용한다. 홈 또는 하우징은 한쪽 끝에서 다른 쪽 끝까지 제작물을 가로질러 이어질 수도 있고, 한쪽 끝 또는 양쪽 끝 부분에서 멈출 수도 있다.

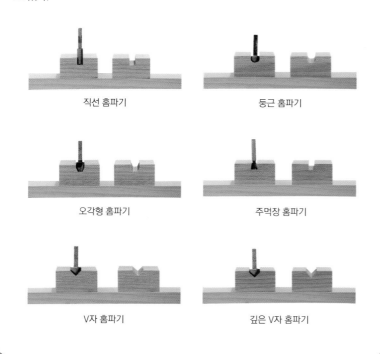

직선 홈파기 · 둥근 홈파기

오각형 홈파기 · 주먹장 홈파기

V자 홈파기 · 깊은 V자 홈파기

트리머의 모따기 종류

라우터(Router)와 트리머(Trimmer)의 비트(bit)는 종류가 다양하다. 비트의 재질은 대부분 텅스텐 카바이드 팁(tungsten carbide tip)이 부착되어 있으며 비트 모양에 따라 여러 가지 모양의 모서리 파기를 할 수 있다.

S자형 모따기

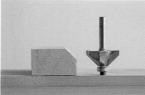
사선형 모따기

오목형 둥근 모따기

구슬선 모따기

마감질 모따기

볼록형 둥근 모따기

17

기호에 따라 편리하게 사용

캡슐커피 보관함

주방

K-cup Coffee Storage

커피 마니아에게 하루의 피곤함을 녹여 주는 캡슐커피. 현대인들이
많이 애용하는 캡슐커피를 사면의 홈에 끼워넣고 기호에 맞게 선택
할 수 있는 캡슐커피 보관함. 제조사마다 캡슐커피 치수가 다르므
로 본인의 취향에 맞는 제품을 선택하여 창의적인 새로운 버전으로
캡슐커피 보관함을 만들어 보자.

난이도 ★★★ | 소요시간 4시간

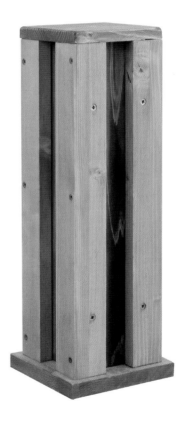

Skill point

1. 캡슐커피의 날개가 들어갈 홈을 트리머 일자날로 가공한다.
2. 몸통에 홈 가공한 ㄱ자 날개를 결합한다.
3. 캡슐의 날개가 들어갈 수 있도록 나사 결합위치를 정한다.
4. 홈이 작아서 칠하기 어려우므로 분리하여 칠한다.

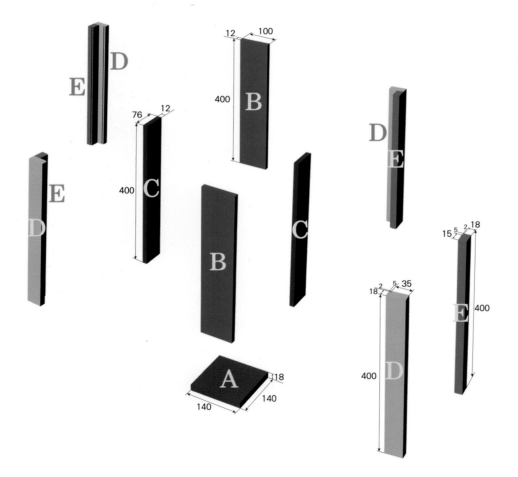

본 체		
구 분	폭×길이×두께(㎜)	수 량
A 바닥판	140×140×18	1
B 중앙세로판1	100×400×12	2
C 중앙세로판2	76×400×12	2
D 세로판1	40×400×20	4
E 세로판2	20×400×20	4

부 자 재		
구 분	길이×지름(㎜)	수 량
나사	30×8	20
나무못	30×8	10

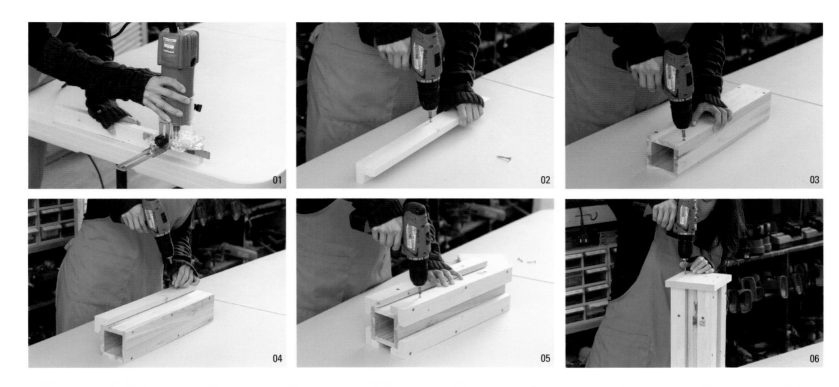

01 자재를 치수에 맞게 재단한 후 캡슐 날개가 들어갈 부분의 홈을
　 트리머 일자날을 이용해 미리 가공해 놓는다.

02 ㄱ자 날개를 4개 준비한다.

03 몸통을 사각 틀로 결합한다.

04 몸통에 날개를 결합한다. 캡슐 날개가 들어갈 수 있게 나사 결합위치에 신경을 쓴다.

05 차례대로 나머지 날개를 부착한다.

06 바닥판을 결합한다.

칠하기

07 홈이 작아서 칠하기 어려우므로 색칠을 위해서 일단 분리한다.

08 몸통을 먼저 칠한다.

09 날개 부분을 칠한다.

10 날개의 단면과 홈 부분을 칠한다.

11, 12 바닥판의 앞·뒤를 칠한다.

13 뚜껑을 칠한다.

14 몸통에 날개를 부착한다.

15 바니쉬로 코팅한다.

16 고운 사포로 샌딩하여 마감한다.

17 마감 바니쉬를 한 차례 더 칠한다.

18 구석구석 바니쉬를 덧칠하여 마감한다.

칠하기

19 완성한 캡슐커피 보관함.

20 제조사마다 캡슐커피 치수가 달라 본인의 취향에 맞는 크기로 보관함을 만든다.

21 캡슐커피를 사면에 주렁주렁 끼워 넣고 기호에 맞게 선택할 수 있는 캡슐커피 보관함이다.

변재와 심재

나무의 속은 두 가지 형태로 존재하는 데, 하나는 나무줄기나 가지의 껍질 바로 안에 붙은 변재(sapwood)이고, 또 하나는 성장한 나무의 중심 구조를 형성하는 심재(heartwood)이다. 변재는 나무줄기의 가장자리 쪽을 말하며 수액을 가지로 운반하는 역할을 한다. 이에 비해 심재는 나무의 성장에는 이바지하지 못하지만, 오래된 변재가 변해 생성되는 나무 안쪽 부분으로 변재보다 오래 성숙해 밀도가 높고, 목재 질이 안정적이고, 균이나 벌레의 공격에도 잘 견디는 특징이 있어 가구 제작자들은 변재보다 심재를 선호한다. 또한, 같은 나무라 하더라도 수직과 수평의 나뭇결에 따라 강도가 달라지는데 쓰임새에 따라 판재(boards), 보(beams), 장선(joists) 등을 구분한 목재를 선택하여 용도에 맞게 사용한다.
– 변재(sapwood)를 사용하는 수종: 메이플(maple), 에쉬(ash), 비취(beech) 등
– 심재(heartwood)를 사용하는 수종: 월넛(walnut), 체리(cherry). 오크(oak) 등

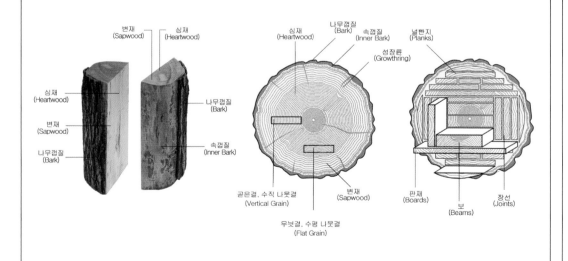

트리머를 움직이는 방향

대패나 끌처럼 홈을 파거나 모서리를 다듬는 트리머는 날이 빠르게 돌아가면서 나뭇밥이 세게 튀기 때문에 움직이는 방향이 중요하다. 모따기를 할 때 트리머를 역방향으로 움직이면 나뭇밥이 잘 배출되지 않고 날이 목재를 파고들어 트리머 본체가 튀어 오르는 킥백 때문에 매우 위험하다. 이런 위험을 줄이기 위해 트리머로 목재를 깎을 때는 안쪽 둘레는 시계방향으로 깎고 바깥 둘레는 반시계방향으로 깎는다.

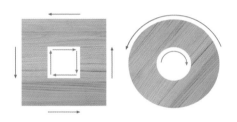

안쪽 둘레: 시계 방향, 바깥 둘레: 반시계 방향

트리머를 움직이는 방향

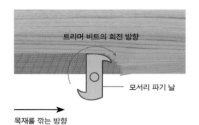

트리머로 모서리 따기 단면상세

18

주방

수납과 사용을 편리하게
커피 수납장
Coffee Cabinet

늘 가까이에 놓고 자주 이용하는 일회용 봉지커피, 그래서 더 소홀히 취급할 수 있는 봉지커피를 수납장에 차곡차곡 넣어두고 필요할 때마다 편리하게 하나씩 꺼내쓰자. 마치 피아노와 바이올린, 첼로 소리의 어울림처럼 척척 리듬에 맞춰 질서 있게 하나씩 하나씩 빠져나온다. 봉지커피의 우아한 변신을 위해 변신 아닌 변심으로 솜씨 좋은 장인이 되어보자.

난이도 ★★★ | 소요시간 5시간

213

Skill point

1. 트리머 일자날을 이용해서 수납장 앞판과 뚜껑에 홈파기를 한다.
2. 아래쪽 입구 부분과 뚜껑 아래쪽에 지그소로 모양을 낸다.
3. 경사진 선을 따라 좌·우측 판을 지그소로 재단한다.
4. 뚜껑에 경첩을 단다.

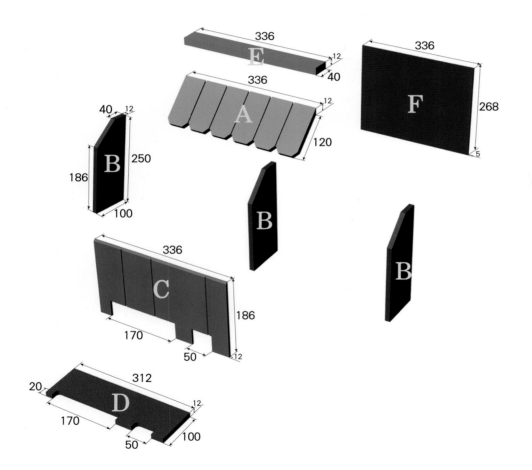

본 체		
구 분	폭×길이×두께(mm)	수 량
A 지붕(문)	120×336×12	1
B 세로판	100×250×12	3
C 앞판	336×186×12	1
D 바닥판	100×312×12	1
E 상판	40×336×12	1
F 뒷판	336×268×5	1

부 자 재		
구 분	길이×지름(mm)	수 량
나사	15×8	10
나사	30×8	20
나무못	30×8	10
경첩		2

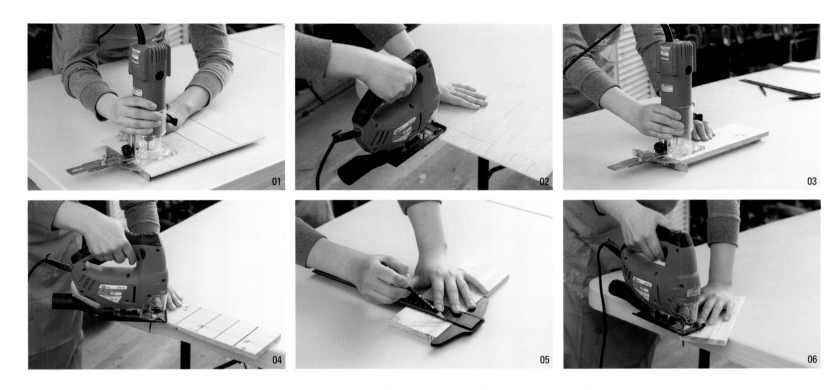

01 트리머 일자날로 수납장 앞판에 홈을 낸다.

02 아래쪽 입구 부분을 지그소로 잘라낸다.

03 뚜껑 부분에 트리머로 홈을 낸다.

04 뚜껑 아래쪽에 지그소로 모양을 낸다.

05 좌·우측 판을 경사지게 자르기 위해 선을 그린다.

06 경사진 선을 따라 좌·우측 판을 지그소로 재단한다.

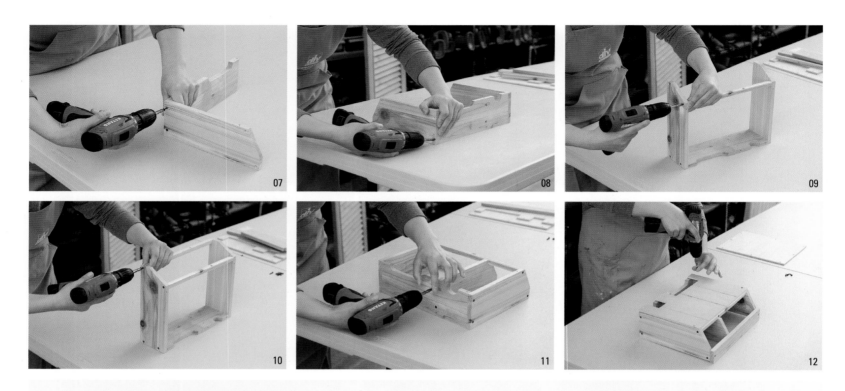

07 바닥판과 우측판을 결합한다.

08 바닥판에 좌측판을 결합한다.

09 위쪽 앞 보조가로대를 댄다.

10 위쪽 뒤 보조가로대를 댄다.

11 중간 세로판을 결합한다.

12 앞판을 결합한다.

13 뒷판을 결합한다.
14 뚜껑에 경첩을 단다.
15 몸통에 뚜껑을 결합한다.

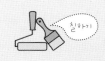

16 페인팅을 위해 철물을 분리한다.
17 수성스테인으로 몸통을 칠한다.
18 분리한 뚜껑을 그린으로 칠한다.

19

20

21

23

칠하기

19 뒤판을 칠한다.
20 앞판을 칠한다.
21 구석이나 칠하기 어려운 부분은 작은
   붓으로 칠한다.
22 완성한 커피 수납장.
23 일회용 봉지 커피를 넣어 두고
   하나씩 꺼내 사용하면 편리할 뿐 아니라,
   장식적인 효과도 있다.

22

지그소로 창 내기

직선과 곡선을 자르는 지그소는 창 내기 가공할 때 유용하다. 먼저 목재에 창 모양의 선을 긋고 모서리
부분에 드릴로 구멍을 낸 후 구멍에 날을 넣고 선을 따라 자르기 시작한다. 자르는 순서는 평행을 유지
하면서 아래 그림과 같은 순서로 자르면 목재를 안정적으로 쉽게 가공할 수 있다.

직각자를 이용하여 목재에 창 모양의 선을 긋는다.

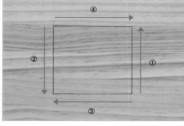
평행을 유지하면서 그림과 같은 순서로 자른다.

먼저 모서리에 드릴로 구멍을 뚫는다.

구멍에 날을 넣고 자르기 시작한다.
가이드나 자를 이용해도 좋다.

선을 벗어나지 않도록 선을 따라 자른다.

평행을 유지하면서 목재를 안정적으로 가공한다.

완성된 창 모양.

19

주방

진한 커피 향을 위한

더치커피 추출기
Dutch Coffee Extractor

내 손으로 직접 만든 추출기로 커피를 만들어 마시는 재미가 쏠쏠한 더치 커피 추출기. 시중에서는 더치커피 추출기가 고가로 판매되고 있지만, 주변에서 쉽게 구할 수 있는 페트병과 링거양조절기만 있으면 간단한 원리로 누구나 손쉽게 만들어 사용할 수 있다. 더치커피 추출기를 만들어 커피의 진한 맛과 향, 분위기를 즐겨보자.

난이도 ★★★ | 소요시간 4시간

Skill point

1. 페트병과 링거양조절기를 가지고 더치커피 추출기를 만든다.
2. 받침대의 원은 페트병의 목이 걸릴 수 있는 정도로 한다.
3. 받침대 원의 전면을 오려내기 위해서 T자로 수직선을 긋는다.
4. 좌·우측 판과 뒷판에 받침대의 위치가 같게 표시한다.

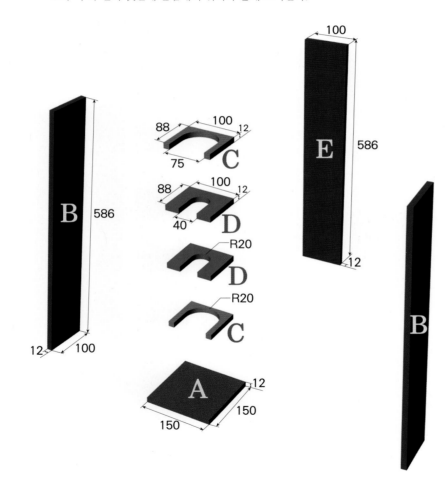

본 체		
구 분	폭×길이×두께(mm)	수 량
A 바닥판	150×150×12	1
B 세로판	100×586×12	2
C 중간선반1	88×100×12	2
D 중간선반2	88×100×12	2
E 뒷판	100×586×12	1

부 자 재		
구 분	길이×지름(mm)	수 량
나사	30×8	40
나무못	30×8	20

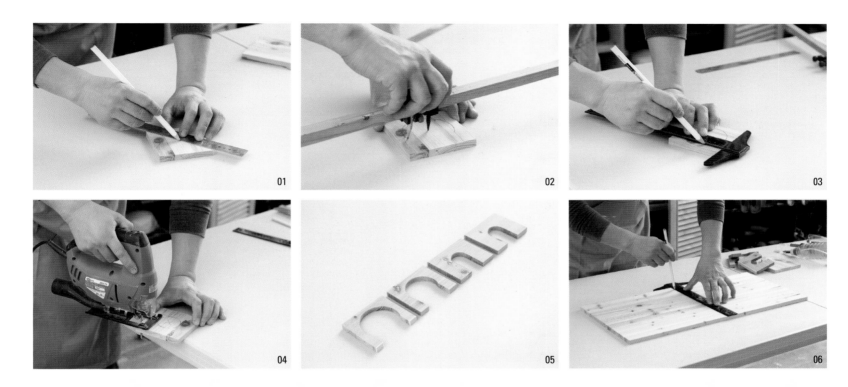

01 중간 받침대를 가공하기 위해 판에 대각선을 그어 중앙을 표시한다.

02 컴퍼스로 페트병의 목이 걸릴 수 있는 정도로 원을 그린다.

03 전면을 오려내기 위해서 T자로 수직선을 긋는다.

04 지그소로 오려 놓는다.

05 가공한 받침대 상세.

06 좌·우측 판과 뒤판에 받침대의 위치를 미리 표시한다.

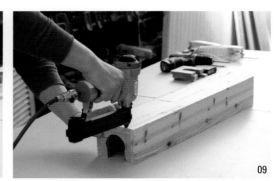

07 타카를 이용해 ㄱ자로 결합한다.

08 나머지 판을 결합해서 ㄷ자 몸통을 만든다.

09 상판을 결합한다.

10 중간 판들은 페트병 크기를 고려하면서 결합한다.

11 바닥판을 결합한다.

12 경사진 나무기둥을 준비한다.

13 페트병을 나무기둥에 꽂고 드라이기로 열을 가하면서 목적에 맞게 페트병을 성형한다.

14 아래쪽 지름은 필터가 들어갈 정도의 크기로 성형한다.

15 물병 한쪽에는 링거양조절기를 부착한다.

16 타카를 사용한 곳은 퍼티로 메우고 샌딩한다.

17 샌딩하여 마감한다.

18 완성한 더치커피 추출기.

225

칠하기

19 수성스테인으로 내부를 칠한다.

20 내부 측판과 뒷판을 칠한다.

21 면천을 이용해서 색이 뭉치지 않도록 한다.

22 전면을 칠한다.

23 윗판을 칠한다.

24 외부를 전체적으로 고르게 칠한다.

칠하기

25 바닥면을 칠한다.

26 칠을 완성한 더치커피 추출기.

27 내 손으로 직접 만든 추출기로 직접 커피를 뽑아먹는 재미가 쏠쏠하다.

28 주변에서 쉽게 구할 수 있는 페트병과 링커양조절기로 만든 더치커피 추출기다.

20

주방

작은 사이즈의 유럽풍

싱크대

Sink

크기가 작아서 앙증맞기까지 한 유럽풍 싱크대. 기성품과는 달리 색다른 분위기가 묻어나는 나만을 위한 원목 싱크대다. 내 손으로 직접 만들고 페인트를 칠해 주방에 새로운 분위기를 더해보자. 가끔은 여행 온 듯한 기분으로 내가 만든 특별한 공간에서 기분 좋은 하루를 시작하면 모든 일이 술술 잘 풀릴 것만 같은 싱크대이다.

난이도 ★★★ | 소요시간 10시간

Skill point

1. 싱크대 앞쪽을 두꺼운 라인이 보이도록 디자인한다.
2. 크레그 지그로 싱크대 전면 결합부를 비켜박기 방식으로 가공한다.
3. 트리머로 문틀에 홈을 가공하여 알판을 홈에 끼운다.
4. 나비경첩을 이용해서 문짝에 인도어, 아웃도어를 선택적으로 부착해서 입체감을 준다.

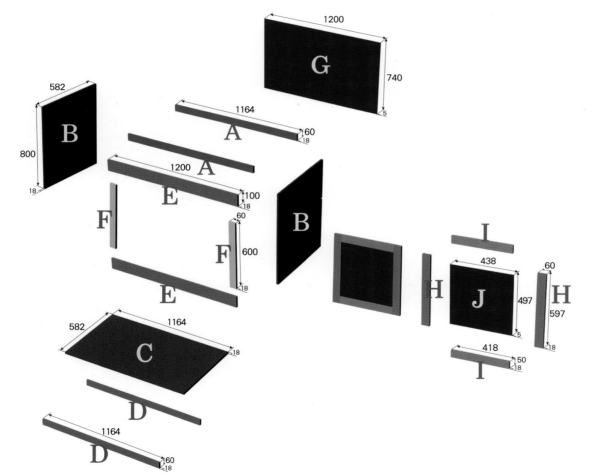

본 체

구 분		폭×길이×두께(mm)	수 량
A	가로지지대	60×1164×18	2
B	세로판	582×800×18	2
C	바닥판	582×1164×18	1
D	걸레받이	60×1164×18	2
E	앞가로판	100×1200×18	2
F	앞세로판	60×600×18	2
G	뒷판	740×1200×5	1
H	문세로살	60×597×18	4
I	문가로살	50×418×18	4
J	문알판	438×497×5	2

부 자 재

구 분	길이×지름(mm)	수 량
나사	15×8	20
나사	30×8	40
나사	50×8	50
나사못	30×8	20
크레그나사	30×8	30
숨은경첩		4

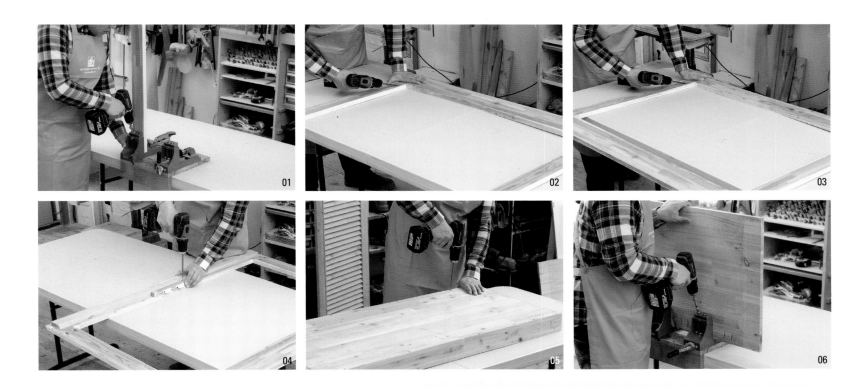

01 크레그 지그로 싱크대 전면 결합부를 비켜박기 방식으로 가공한다.

02 ㄷ자 틀을 만든다.

03 사각 틀이 되게 결합한다.

04 문을 고정할 자석을 부착한다.

05 바닥판에 걸레받이를 부착한다.

06 좌·우측 판을 크레그 지그로 작업하여 전면부를 결합할 수 있게 비켜박기 방식으로 가공한다.

231

07 좌측판과 바닥판을 결합한다.

08 우측판과 바닥판을 결합해서 몸통 틀을 만든다.

09 싱크대 전면부와 몸통 틀을 크레그 나사를 이용해서 결합한다.

10 몸통 뒤쪽에 가로 보조목을 대어 몸통을 완성한다.

11 문짝을 ㄷ자 틀로 결합한다.

12 문짝 알판을 홈에 끼운다.

13 홈에 끼운 알판 위에 세로살을 맞춘다.

14 문짝의 세로살을 결합한다.

15 자석에 붙을 철판을 결합한다.

16 나비경첩을 바깥쪽에서 결합한다.

17 문을 달고 손잡이를 부착한다.

18 완성한 싱크대.

19 내 손으로 직접 디자인하여 만든 싱크대로 주방에 새로운 분위기
   변화를 시도해 보자.
20 크기가 작아서 필요한 곳에 옮겨 놓고 보조싱크대로 사용하면 좋다.

TIP
24

접착제를 고르게 바르는 방법

목재를 집성하거나 접착제를 이
용해서 결합할 때 결합 단면에 접
착제를 고르게 바르는 것이 결합
강도에 주요 변수가 된다. 길이가
긴 나사나 머리 부분이 없는 긴
볼트를 적당한 크기로 잘라서 접
착제를 바른 표면을 문지르면 접
착제가 펴져 고르게 나무표면을
바를 수 있다.

크레그 지그(Kreg Jig)는 일정 각도로 나사를 비켜박기 방식으로 결합할 때 사용하는 공구다. 가구 제작과정에서 서랍장의 몸통이나 테이블의 각재다리와 프레임 결합, 넓은 판재의 결합 등 상대적으로 유리한 작업이 많다. 크레그 지그를 이용해서 결합하면 크게 보이는 볼링 자국이 남지만, 필요한 부분에 적절히 선택하여 작업하면 나사 자국이 보이지 않게 깔끔하게 할 수 있다. 크레그 지그의 사용법에 대해 알아보자.

<u>01</u> 보링 작업을 위해서 작업할 나무를 고정하는 고정 손잡이와 보링 가이드가 장착되어 있는 크레그 지그 몸체이다.

<u>02</u> 몸체에 표시한 길이를 참고하여 각각 결합할 나무 두께에 따른 보링 깊이를 고려한 날물의 길이를 정한다.

<u>03</u> 육각 렌치를 이용하여 날물에 스토퍼를 고정한다.

<u>04</u> 보링 가이드의 나무 두께에 따라 높이를 조절한다.

<u>05</u> 일정 각도로 가공을 안내하는 보링 가이드를 끼운다.

<u>06</u> 작업할 나무를 고정한다.

<u>07</u> 일정 각도로 보링작업을 한다.

<u>08</u> 전용 드릴날로 보링한 단면 상세와 각각 경재와 연재에 사용할 전용 나사이다.

<u>09</u> 비켜박기 방식으로 소재를 직각으로 연결한다.

21

주방

가사노동과 휴식공간을 위한

아일랜드 테이블

Movable Island

홈바, 식탁, 조리대 등으로 다양하게 사용할 수 있는 아일랜드 테이블. 가족과 얘기하며 주방 일도 할 수 있고, 붙박이가 아닌 필요에 따라 위치와 용도를 바꿀 수 있어 활용도가 높다. 유럽의 어느 주택에 와있는 듯한 이국적인 느낌의 아일랜드 테이블은 주부에게는 가사노동의 공간이자 휴식공간이기도 하다.

난이도 ★★★ | 소요시간 15시간

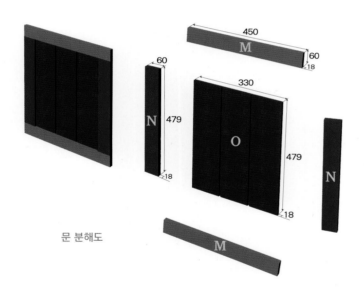

문 분해도

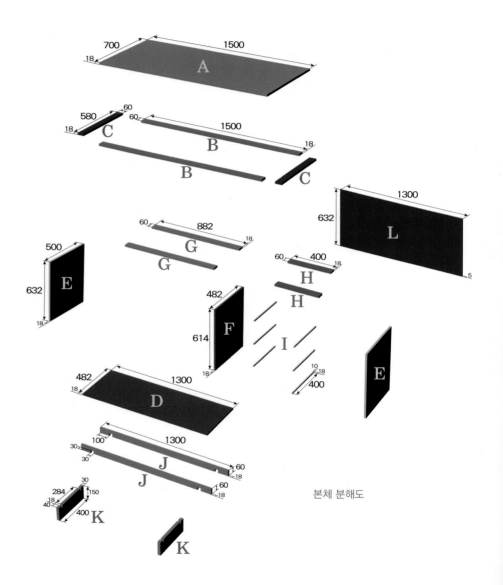

본체 분해도

Skill point

1. 다리 세로틀 윗부분은 가로프레임과 끼워 맞출 수 있게 반턱맞춤한다.
2. 문짝의 알판을 문틀 홈 사이에 끼워서 완성한다.
3. 서랍의 앞판은 뒤쪽에서 결합한다.
4. 상판의 뒷면에 사각으로 보조 틀을 대어 상판의 휨을 방지하면서 시각적인 면도 고려한다.

238

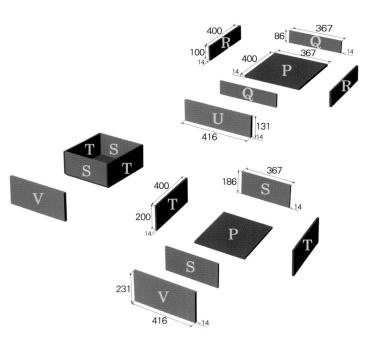

서랍 분해도

본 체		
구 분	폭×길이×두께(mm)	수 량
A 상판	700×1500×18	1
B 상판보조 가로살	60×1500×18	2
C 상판보조 세로살	60×580×18	2
D 바닥판	482×1300×18	1
E 좌우세로판	500×632×18	2
F 칸막이 세로판	482×614×18	1
G 가로지지목1	60×882×18	2
H 가로지지목2	60×400×18	2
I 레일용목재	10×400×18	6
J 가로 다리 프레임	60×1300×18	2
K 세로 다리 프레임	150×400×30	2
L 뒷판	632×1300×5	1
M 문가로프레임	60×450×18	4
N 문세로프레임	60×479×18	4
O 문 알판	330×479×18	2
P 서랍바닥판	400×367×14	3
Q 서랍가로판1	86×367×14	2
R 서랍세로판1	100×400×14	2
S 서랍가로판2	186×367×14	4
T 서랍세로판2	200×400×14	4
U 서랍앞판1	131×416×14	1
V 서랍앞판2	231×416×14	2

부 자 재		
구 분	길이×지름(mm)	수 량
나사	15×8	20
나사	30×8	40
나사	50×8	50
나무못	30×8	20
숨은경첩		4

01

02

01 다리 세로틀의 아랫부분은 오려놓고 윗부분은 가로프레임과 끼워 맞출 수 있게 한다. 가로 프레임 두께 18mm 폭과 프레임 폭의 절반인 30mm 깊이로 가공한다.

02 좌우 다리부분과 가로 프레임을 끼워서 결합한다.

03

04

05

06

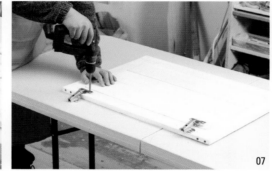
07

08

09

똑딱이
연결하기

03 서랍의 앞쪽판과 좌측판을 타카나 나사를 이용해 직각으로 결합한다.

04 우측판과 바닥판을 결합한다.

05 서랍의 앞판을 뒤쪽에서 결합하고 손잡이 나사로 손잡이를 부착한다.

06 문짝의 알판을 문틀 홈 사이에 끼우고 70mm 하프타입 나사로 결합하여 문짝을
완성한다. 알판과 문틀은 미리 페인트를 칠한 후 조립한다.

07 스프링 경첩을 부착하기 위해 35mm 보링비트로 작업한 후 부착한다.

08 세로판에 서랍레일용 보조대를 서랍 크기에 맞춰서 미리 부착한다.

09 몸통의 바닥면과 좌·우측 세로판을 직각으로 결합한다.

10 중간 세로판을 결합한다.

11 상판 부분 가로프레임 2개를 앞뒤로 결합한다.

12 서랍 상부의 가로프레임 한쪽은 비켜박기 방식으로 결합한다.

13 몸통이 완성되면 뒤집어서 다리를 바닥면과 결합한다.

14 식탁 뒷면은 홈 가공해서 전면부에 부착한다.

15 서랍을 끼워서 자연스럽게 이동할 수 있는지 점검하고 양초로 레일이나
    서랍바닥면을 문질러 움직임이 부드럽게 한다.

16 문짝이 닫히는 부분에 보조 세로대를 댄다.

17 문짝을 부착한다.

18 손잡이를 문짝의 위쪽 면에 단다.

19 상판 뒷면에 사각으로 보조틀을 대어 상판의 휨을 방지하고 시각적인 효과도 고려한다.

20 몸통과 상판을 결합해서 완성하고 샌딩하여 마감한다.

21 붙박이가 아니라 필요에 따라 위치와 용도를 바꿀 수 있는 활용도가 높은 아일랜드 테이블이다.

22 가족과 대화하며 주방 일을 할 수 있는 아일랜드 테이블은 주부에게 가사노동의 공간이자 휴식공간이 되기도 한다.

반턱맞춤 만들기

부재 두께의 반씩을 걷어내고 서로 맞대어 목재를 십(十)자 모양으로 가공하는 것이 반턱맞춤이다. 이때 반턱이 위로 열려있고 밑에 깔린 부재를 '받을장', 반대로 반턱이 아래로 열려있고 위에 놓이는 부재를 '업힐장'이라고 한다. 반턱맞춤은 맞춤의 기본이 되며 가장 많이 사용되는 맞춤법으로 보기도 좋고 강도도 나무랄 데 없어 가구를 만들 때 응용하기 좋은 기법이다.

01

<u>01</u> 연결할 나무의 폭과 같은 선을 긋고 목재 두께의 1/2 깊이에 선을 긋는다.

<u>02</u> 반턱 깊이를 표시한 선보다 약간 깊게 자른다.

<u>03</u> 톱으로 반듯하게 자른 모습.

<u>04</u> 선에서 약간 안쪽에 끌을 대고 망치를 때려 불필요한 부분을 깎아 낸다.

<u>05</u> 접합부의 깊이를 끌로 깎아서 맞춘다.

<u>06</u> 샌드블록으로 면을 다듬는다.

<u>07</u> 완성한 2개의 반턱 부재이다.

<u>08</u> 자투리나무를 대고 부재를 조립한다.

<u>09</u> 업힐장과 받을장을 맞대어 반턱맞춤으로 완성한 십(十)자 모양.

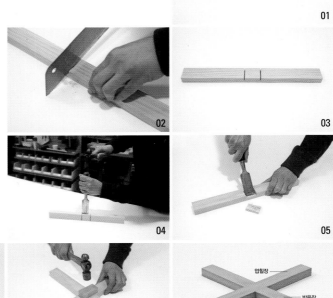

02

03

04

05

06

07

08

업힐장

받을장

09

22

아이방

엄마 품속처럼 포근하게

아기 흔들침대
Baby Cradle

아기를 얼러주는 침대 받침대가 있어 칭얼대던 아이도 침대 위에 뉘면 금세 새근새근 잠이 드는 엄마 품속 같은 흔들침대. 사랑스러운 아기를 위한 침대이니만큼 안전성에 중점을 두고 만들어 보자. 아기가 크면 바퀴를 달아 장난감 차로, 또는 장난감 수납박스 등으로 활용할 수 있는 다용도 디자인이다.

난이도 ★★★ | 소요시간 6시간

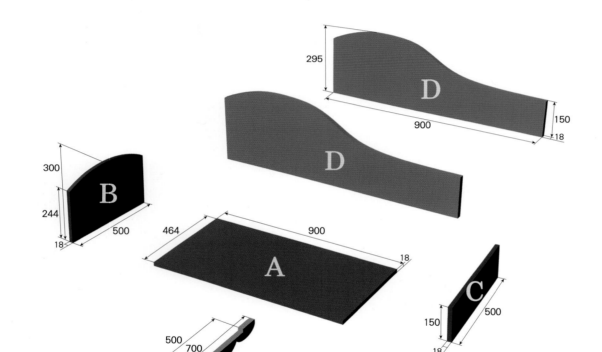

Skill point

1. 다리 부분은 철자를 이용해서 곡선을 그린다.
2. 다리의 곡선 면을 지그소로 오려낸다.
3. 침대 머리판과 우측판을 곡선으로 가공해서 결합한다.
4. 모서리 부분을 샌딩기로 둥글게 다듬는다.

본 체		
구 분	폭×길이×두께(mm)	수 량
A 바닥판	464×900×18	1
B 좌측판	300×500×18	1
C 우측판	150×500×18	1
D 앞뒷판	295×900×18	2
E 다리	150×700×30	2

부 자 재		
구 분	길이×지름(mm)	수 량
나사	30×8	40
나무못	30×8	20

246

01 철자로 흔들침대 다리 부분의 곡선을 그린다.

02 침대 몸통이 들어갈 홈을 지그소로 좌·우측을 자른다.

03 홈의 중간 부분을 오려낸다.

04 바깥 곡선 면을 지그소로 오려낸다.

05 나머지 다리도 같은 방법으로 가공한다.

06 침대 머리판과 우측판을 곡선 가공해서 결합한다.

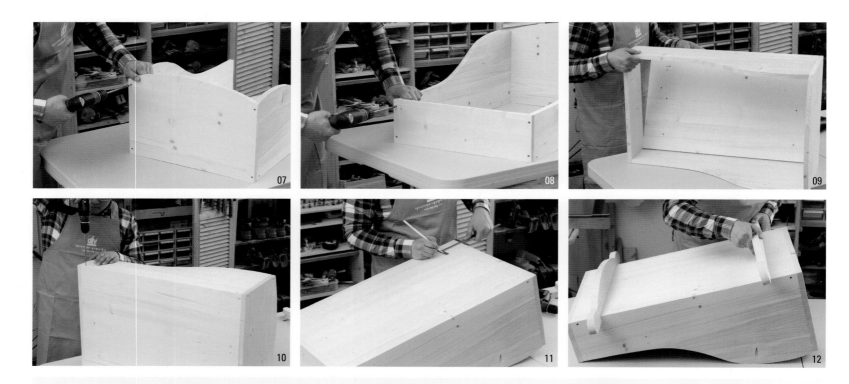

측정하기

똑딱이 연결하기

07 좌측판도 머리판과 결합한다.

08 아래쪽 판과 결합해서 사각틀을 만든다.

09 바닥판을 끼워서 사각틀 안에 넣는다.

10 바닥판과 침대 틀을 결합한다.

11 아래 다리를 부착할 부분을 자로 표시한다.

12 다리 두 개를 끼워서 위치를 정한다.

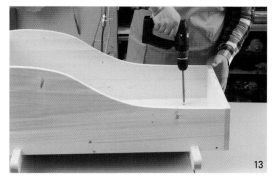

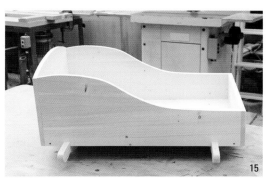

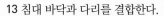

13 침대 바닥과 다리를 결합한다.

14 모서리 부분을 샌딩기로 둥글게 다듬는다.

15 샌딩하여 마감한다.

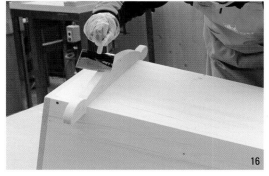

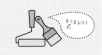

16 다리 밑에서부터 친환경 수성페인트를 칠한다.

17 다리 부분을 칠한다.

18 다리와 바닥면을 칠한다.

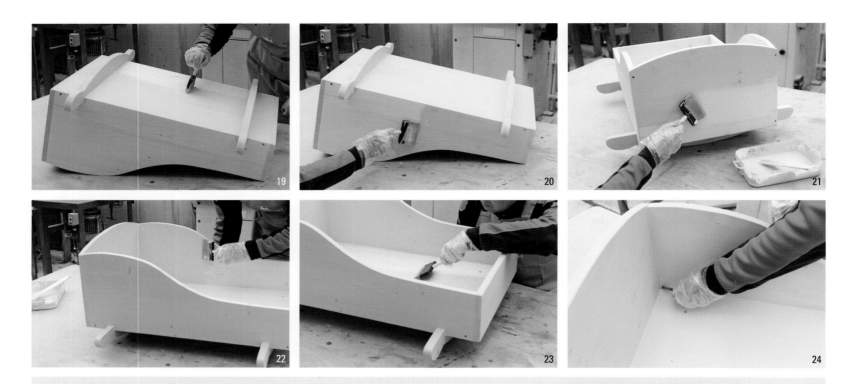

칠하기

19 바닥면 전체를 칠한다.

20 침대 외부를 나뭇결 방향에 따라 칠한다.

21 침대 머리판을 칠한다.

22 침대 내부 면을 칠한다.

23 침대 내부 바닥면을 칠한다.

24, 25 모서리 부분은 작은 붓을 이용해서 꼼꼼하게 칠한다.

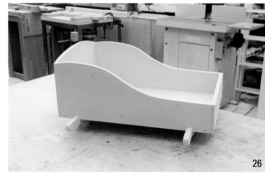

26 완성한 아기 흔들침대.

27 흔들거리는 침대 받침대가 있어 아기를 수월하게 어르고 재울 수 있다.

28 아기가 크면 바퀴를 달아서 장난감 차를 만들거나 장난감 수납박스로도
   변경하여 활용할 수 있는 구조이다.

23

사랑스러운 아가를 위한

기저귀 갈이대

Baby Changing Table

귀엽고 사랑스러운 우리 아가, 돌아서면 쉬하고 돌아서면 응가하
는 아가를 늘 돌봐야 하는 엄마의 편리한 육아를 위한 기저귀 갈
이대. 맨 위 칸은 기저귀 갈이대로 아래 칸은 기저귀 등 아기용품
수납공간으로 활용할 수 있다. 아가방 가까운 곳에 두고 필요할
때마다 유용하게 활용해 보자.

난이도 ★ ★ ★ │ 소요시간 5시간

Skill
point

1. 판재와 각재를 결합하는 방법으로 기저귀 갈이대를 만든다.
2. 지그소로 하트 모양과 곡선을 오려낸다.
3. 판재가 끼워지는 기둥에 홈을 파서 튼튼하게 결합한다.
4. 가공한 면을 사포로 갈아서 날카로운 부분을 없앤다.

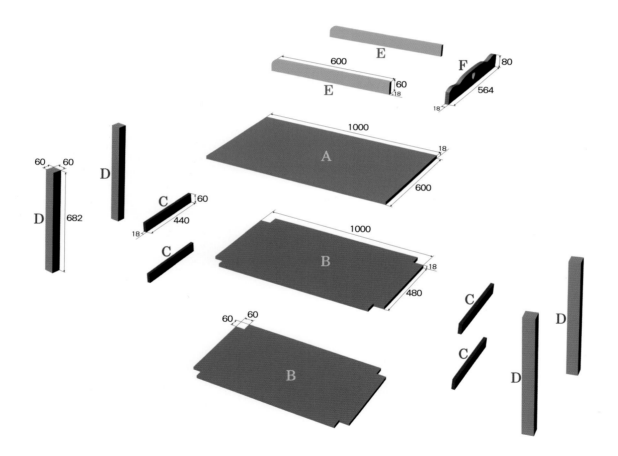

본　체		
구　분	폭×길이×두께(㎜)	수 량
A　상판	600×1000×18	1
B　가로 선반판	600×1000×18	2
C　보조 세로판	60×440×18	4
D　다리	60×682×60	4
E　상판 보조대	60×600×18	2
F　상판보조세로판	80×564×18	1

부 자 재	
구　분	길이×지름(㎜)	수 량
나사	30×8	40
나무못	30×8	20

01 하트 모양을 내기 위해 그림을 그리고 지그소 날이 들어갈 수 있도록 구멍을 뚫는다.

02 지그소를 이용해서 하트 모양을 오려낸다.

03 오려낸 하트 모양 위쪽에 곡선으로 모양을 낸다.

04 곡선을 따라 지그소로 가공한다.

05 지그소로 가공한 면을 사포로 갈아서 날카로운 부분을 모두 제거한다.

06 곡선 가공한 판과 좌·우측 보조판을 결합한다.

돌기
연결하기

07 상판과 결합한다.

08 홈을 판 기둥에 바닥판을 끼워서 결합한다.

09 중간 판도 같은 방법으로 끼워서 결합한다.

10 반대쪽 다리를 끼워서 결합한다.

11 중간 판과 바닥판 양쪽 끝에 가로로 턱을 부착한다.

12 상판을 덮고 나사를 결합한다.

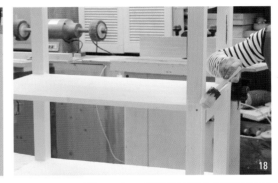

13 샌딩하여 마무리 한다.

14 기저귀 갈이대를 뒤집어서 상판 바닥을 먼저 친환경 수성페인트로 칠한다.

15 중간 판을 칠한다.

16 바닥판 밑을 칠한다.

17 옆면을 고르게 칠한다.

18 칠이 흘러내리지 않도록 하면서 다리 부분을 칠한다.

19 건조되면 뒤집어서 측면을 칠한다.

20 바닥판을 칠한다.

21 상판을 칠한다.

22 하트 모양으로 오린 곳은 작은 붓을 이용해서 안쪽까지 빠짐없이 꼼꼼하게 칠한다.

23 완성한 기저귀 갈이대.

24 항상 돌봐야하는 귀엽고 사랑스러운 아기 곁에 두고 편리하게 이용해 보자.

PVC 파이프의 외경을 이용한 사포작업

폴리염화비닐의 약칭인 PVC 소재의 파이프 외관에 사포를 부착해서 곡선에 사포작업을 한다. PVC 파이프의 표준길이는 4m이고 내경이 16, 20, 25, 31, 35, 40, 51, 100mm 등 다양한 종류가 있다. 곡선의 정도에 따라 PVC 파이프를 선택하고 길이는 사포의 가로 280mm, 세로 228mm를 참고하여 같은 길이로 재단하여 사용하면 된다.

01 백색 PVC 파이프 외관에 사포를 부착하여 사용한다.
02 지름 35mm의 백색 PVC 파이프에 사포를 부착해서 곡선에 사포작업을 한다.

지름 50mm   지름 30mm   01

02

PVC 파이프의 구경을 이용한 사포작업

곡선 사포질에는 여러 보조도구가 있는 데, 이 중에서 PVC 파이프를 곡선에 맞게 반원이나 일부 원으로 자른 후, 파이프 내부에 벨크로를 부착하고 벨크로 부착이 가능한 사포를 붙여서 곡면 샌딩에 사용한다. 구경을 고려하여 미리 여러 종류를 만들어 놓으면 작업에 맞춰 그때 그때 선택할 수 있어 편리하다. 사포는 벨크로 타입으로 작업물의 형태에 따라 적당한 크기로 잘라서 사용하면 된다.

01 PVC 파이프의 구경을 이용한 사포 상세.
02 PVC 파이프를 반으로 분리해서 내부에 벨크로를 부착하고 사포를 붙인 단면 모습.
03 파이프의 구경을 이용해 사포작업 한다.

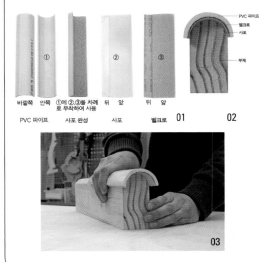

바깥쪽   안쪽   ①에 ②,③을 차례   뒤 앞   뒤 앞   PVC 파이프
              로 부착하여 사용   벨크로
PVC 파이프   사포 완성   사포   벨크로   01   02   사포
                                                                    부재

03

PVC 파이프의 복원력을 이용한 클램프

부재를 접합한 뒤 접착제가 마를 때까지 고정할 때도 클램프가 필요하다. PVC 파이프를 적당한 폭으로 자르고 한쪽을 터서 클램프 대용으로 쓰면 파이프의 복원력에 의해서 훌륭한 보조 클램프가 된다. 외관상 같은 지름의 파이프라 하더라도 얇은 관보다는 두꺼운 관을 선택할수록 또는 가로 폭이 클수록 강도가 세진다는 것을 참고하여 알맞은 용도로 준비한다.

01 100mm 백색 PVC 파이프로 얇은 관의 두께는 3.1mm, 두꺼운 관은 6.6mm 두께로 차이가 난다.
02 PVC 파이프를 적당한 폭으로 자르고 한쪽을 터서 쓰면 파이프의 복원력에 의해서 훌륭한 보조 클램프가 된다.

01

02

24

현관의 신발들을 가지런히

신발 거치대

Shoes Holder

현관 출입문 한쪽에 다소곳이 놓고 가족이 벗어놓은 신발들을 가지런히 정리할 수 있는 신발 거치대. 좁은 공간에서 흩어진 신발들을 효율적으로 수납할 수 있는 디자인이다. 주부의 감각이 돋보이는 신발 거치대를 만들어 센스쟁이 대열에 합류해보자.

난이도 ★ ★ ★ | 소요시간 3시간

Skill point

1. 나무 한 장으로 좌·우측 판을 만들기 위해 삼각형 구조로 대칭이 되게 선을 그린다.
2. 좌·우측 판을 같은 크기와 모양으로 똑같이 만든다.
3. 다리 부분을 지그소를 경사지게 자른다.
4. 가로보조대를 홈 가공하여 좌·우측 판에 결합한다.

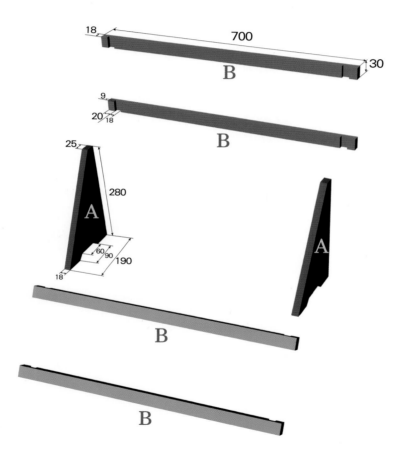

본 체		
구 분	폭×길이×두께(mm)	수 량
A 세로판	190×280×18	2
B 가로판	30×700×18	4

부 자 재		
구 분	길이×지름(mm)	수 량
나사	30×8	40
나무못	30×8	20

262

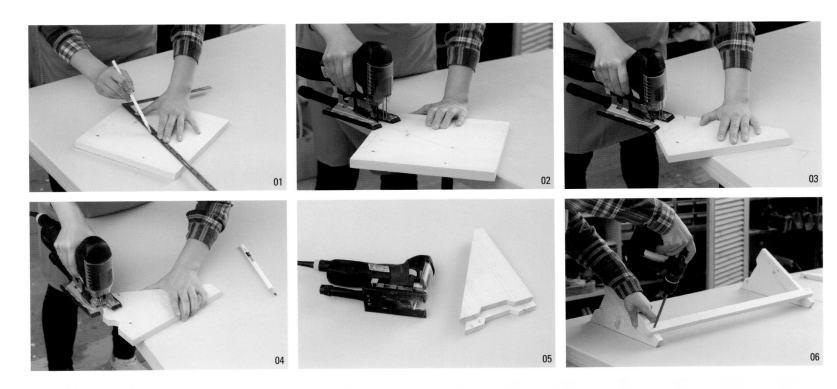

01 나무 한 장으로 좌·우측 판을 만들기 위해 삼각형 구조로 대칭이 되게 나무에 선을 그린다.

02 지그소로 사선을 자른다.

03 다리 부분의 앞뒤를 경사지게 자른다.

04 가운데 부분을 오려낸다.

05 지그소로 가공한 좌·우측 판이다.

06 홈 가공한 뒷면의 가로보조대를 위쪽부터 좌·우측 판에 결합한다.

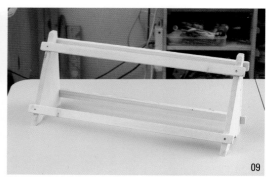

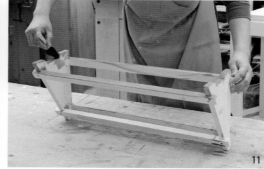

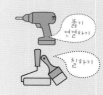

톱기 연결하기

칠하기

07 뒷면 아래쪽에 가로보조대를 하나 더 결합한다.

08 앞면 위쪽의 가로보조대를 좌·우측 판에 결합한다.

09 앞면의 아래쪽에도 가로 보조대를 대고 샌딩하여 마감한다.

10 수성스테인으로 가로대를 칠한다.

11 바닥면을 칠한다.

12 좌·우측 판의 안쪽을 칠한다.

칠하기

13 신발장을 세워 놓고 칠이 빠진 부분을
   확인하면서 칠한다.
14 바깥쪽 면을 전체적으로 칠한다.
15 건조되면 코팅 마감재를 칠한다.
16 완성한 신발 거치대.
17 신발이나 실내화를 세워서 가지런히
   수납할 수 있는 신발 거치대이다.

25

현관의 매력 포인트

우산걸이
Umbrella Holder

비 오는 날 없으면 아쉬운 우산걸이. 접이우산부터 장우산까지 우산걸이에 깔끔하게 걸어두면 마치 형과 아우가 나란히 서 있 듯 색깔별로 정돈된 우산의 빛깔이 비 오는 날의 수채화처럼 현 관의 또 다른 매력 포인트가 될 수 있다. 나만의 솜씨를 발휘하여 만든 우산걸이로 비 오는 날 현관을 개성 있게 꾸며보자.

난이도 ★★★ | 소요시간 4시간

**Skill
point**

1. 장우산의 높이를 고려하여 70~80㎝ 정도로 적당하게 디자인한다.

2. 중간판은 작은 우산을 걸 수 있게 위치를 정하고 고정한다.

3. 우산 받침대에 구멍이 나지 않게 드릴날의 일정 높이까지 테이프를 감아서 기준선으로 삼는다.

4. 걸이는 접착제를 바른 나무못을 박아서 사용한다.

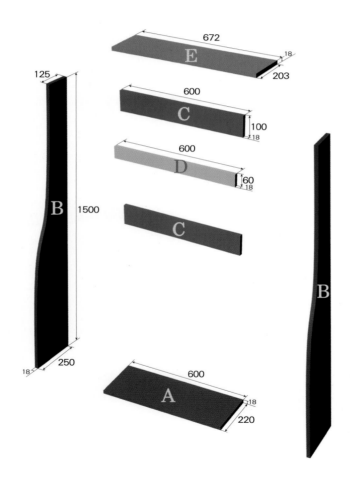

본 체		
구 분	폭×길이×두께(㎜)	수 량
A 바닥판	220×600×18	1
B 세로판	250×1500×18	2
C 가로 지지판	100×600×18	2
D 가로 앞판	60×600×18	1
E 상판	203×672×18	1

부 자 재		
구 분	길이×지름(㎜)	수 량
나사	30×8	40
나무못	30×8	20

01 상판과 좌·우측 판을 나사로 결합한다.

02 바닥판을 결합한다.

03 중간판을 결합한다. 중간판은 작은 우산을 걸 수 있게 위치를 정하고 고정한다.

04 위쪽 우산 받침대를 결합한다.

05 나무못을 결합하기 위해 8mm 드릴날을 사용한다.

　　구멍이 나지 않게 우산 받침대를 가공하기 위해서 일정 높이까지 테이프를 감아 기준으로 삼는다.

06 중간 받침대의 구멍을 일정 깊이로 뚫는다.

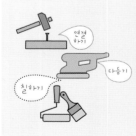

07 나무못에 접착제를 바르고 망치로 두드려서 부착한다.

08 샌딩하여 마감한다.

09 회색 수성스테인으로 내부를 칠한다.

10 나뭇결을 따라 좌·우측 판을 칠한다.

11 뒤쪽 단면을 칠한다.

12 바닥 면을 칠한다.

13

14

16

17

15

칠하기

13 윗면을 칠한다.

14 앞쪽 단면을 칠하여 마무리한다.

15 완성한 우산걸이.

16 색깔별로 정돈된 우산이 비 오는 날의 수채
   화처럼 현관의 또 다른 매력 포인트가 된다.

17 현관 입구에 우산걸이를 놓고 접이우산부터
   70~80㎝ 정도의 장우산까지 깔끔하게 정리
   하여 걸어 둔다.

271

26

출입구

주인의 정갈한 마음이 전해지는

안내판
Signboard

별다른 기술 없이도 전동드릴과 페인트만 있으면 완성할 수 있는
안내판. 45도로 연귀를 맞춘 액자 형태의 안내판을 찻집이나 음식
점 문 앞에 걸어두면 주인의 정갈한 마음이 전해져 왠지 다시 오
고 싶은 장소가 되지 않을까요? 간단한 안내판 하나로 손님에게
주인의 친절한 마음을 전할 수 있다면 든든한 종업원을 한 명 더
둔 셈이다.

난이도 ★★★ | 소요시간 3시간

1. 액자틀 형태의 사각프레임을 45도 각도로 사면을 맞춰서 안내판을 만든다.
2. 나무틀의 가운데 부분에 합판이 들어갈 수 있게 홈을 판다.
3. 45도 결합을 위해 각도절단기로 재단한다.
4. OHP필름에 글자본을 인쇄하고 칼로 오려낸 후 스텐실로 글자에 색을 채운다.

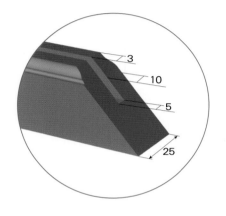

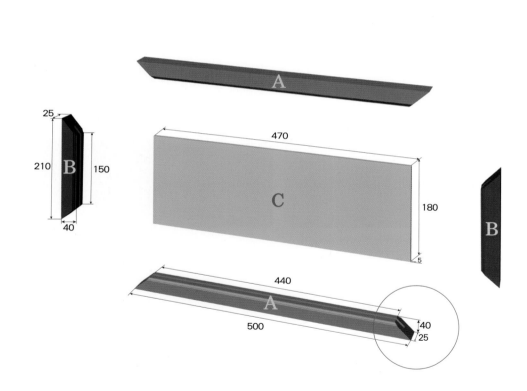

본 체		
구 분	폭×길이×두께(mm)	수 량
A 가로틀	40×500×25	2
B 세로틀	40×210×25	2
C 중간판	180×470×5	1

부 자 재		
구 분	길이×지름(mm)	수 량
나사	30×8	10
나무못	30×8	4

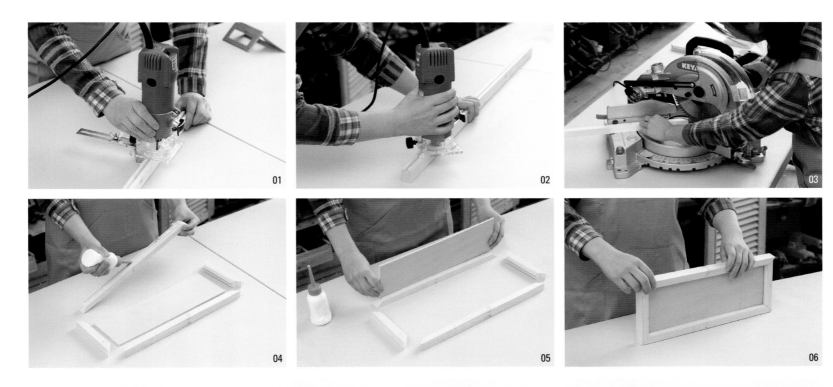

01 트리머 일자날을 이용해서 프레임의 안쪽에 홈 가공한다.

02 홈 가공을 반대쪽에서 한 번 더해 홈이 중앙에 오게 한다.

03 각도절단기를 이용해서 45도로 절단한다.

04 프레임의 안쪽 홈에 접착제를 골고루 바른다.

05 홈 사이에 판을 끼운다.

06 짧은 프레임도 같은 방법으로 끼운다. 사각틀을 직각으로 조절해서 위치를 잡고 결합한다.

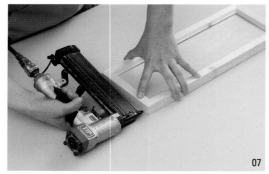

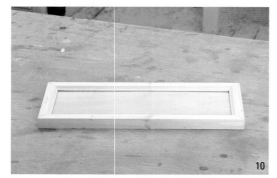

07 F30타카로 사면의 모서리를 결합한다.

08 접착제가 삐져나온 부분은 천에 물을 묻혀 닦아낸다.

09 120번 사포로 모서리 등을 샌딩하고 320번 사포로 마무리한다.

10 제품의 상태를 확인한다.

11 한쪽 면에 블랙 아크릴페인트를 칠한다.

12 판을 뒤집어서 반대쪽도 칠한다.

칠하기

13 2번 이상 칠하고 완전히 건조시킨다.

14 OHP필름에 글자를 프린팅해서 칼로 오려낸다.

15 마스킹 테이프를 이용해서 필름을 고정한다.

16 화이트 아크릴페인트를 스펀지나 스텐실 붓을 이용해서 필름 위에 고르게 찍어서 색을 채운다.

17 완전히 건조될 때까지 기다렸다가 필름을 떼어 낸다.

18 같은 방법으로 뒷면에는 CLOSED 글자를 새겨 넣는다.

19 안내판은 주인의 친절한 마음을 전하는 듬직한 종업원과 같다.

20 문 앞에 걸어두면 주인의 정갈한 마음이 전해져 왠지 다시 오고 싶어진다.

TIP
30

단면을 직각으로 유지하는 사포작업

절단면을 사포로 작업하면 보통 한쪽으로 기울거나 양쪽 끝쪽이 샌딩되어 단면이 배가 부른 형태로 가공된다. 이를 방지하기 위해 사포블록에 보조나무를 직각으로 결합해서 작업하면 단면을 직각으로 유지하면서 가공할 수 있다.

01 사포블록에 보조나무를 직각으로 결합한 상세.
02 단면을 직각으로 유지하면서 가공한다.

와셔를 이용한 액자 고리

벽면에 액자를 걸려면 액자에 고리를 만들어야 하는데, 보통 액자의 좌우 틀에 못을 박고 철사나 와이어 고리를 묶어 고정한다. 못에 바로 연결할 경우 철사나 와이어 고리의 유격이 없어 액자를 걸 때 균형 있게 각을 맞추기 어렵다. 이때 철사나 와이어 고리 사이에 와셔와 나사 컵을 이용하여 액자 뒷판을 고정하면 유격을 확보할 수 있고 균형 있는 각을 맞출 수 있어 유용하다.

01 못을 박고 와이어 고리를 묶어 고정한 상태

02 왼쪽부터 와셔, 와이어 고리, 나사 컵, 나사.

03 액자 틀에 와셔를 이용하여 뒷판을 고정한 상태

연귀맞춤으로 액자틀 만들기

사각프레임을 45도 각도로 연귀를 맞추어 액자틀을 만들어 보자. 슬라이드 스킬톱(Miter saw)의 금속판 베이스에 목재를 올려놓고 각도 조정 나사를 풀면 45도까지 각도를 조정하여 절단할 수 있다. 45도 결합을 위해 작업하기 전에 연습용 나무로 가공해서 각도가 맞는지 확인한다. 45도보다 작은 경우는 문얼굴 안쪽으로 틈이 생기고, 45도보다 큰 경우는 문얼굴 바깥쪽으로 틈이 생기므로 각도의 오차를 조정하면서 정확하게 만들어야 한다.

01 각도절단기(슬라이드 스킬톱)는 베이스가 움직여 45도 각도로 조정하여 사용할 수 있다.

02 45도 각도로 정확하게 연귀를 맞춘 액자틀. 03 각도절단 시 45도보다 작은 경우 04 각도절단 시 45도보다 큰 경우

27

다용도실

다양한 공구들을 한 곳에

원목공구함
Softwood Tool Box

어느 집이든 꼭 하나쯤은 필요한 공구함. 장도리, 톱, 펜치, 드라이버 같은 무거운 공구들을 넣어야 하는 만큼 튼튼한 원목이 좋다. 다용도실 한쪽, 눈에 잘 띄는 곳에 두면 자주 들고 나와 뚝딱뚝딱 집안 곳곳을 살피며 손보고 싶은 마음을 열어 줄 요술박스. 무거운 공구함에 화사한 색을 입혀보자.

난이도 ★★★ | 소요시간 5시간

Skill point

1. 공구함의 좌·우측 세로판을 5각형으로 만들기 위해 45도 각도로 선을 긋는다.
2. 옆판의 윗부분은 종이컵을 이용해서 곡선을 긋는다.
3. 서랍을 만들 틀에 합판을 끼우기 위해 트리머로 홈을 판다.
4. 중간선반 결합 시 서랍 높이를 고려해서 결합한다.

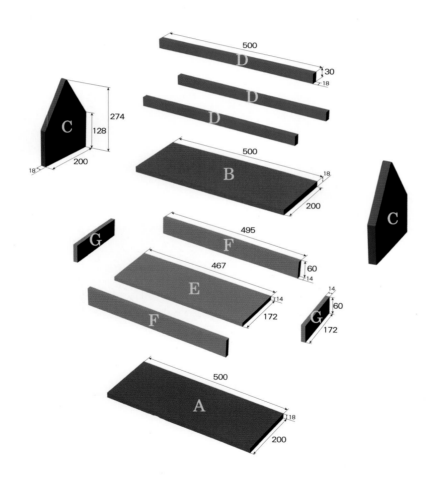

본 체		
구 분	폭×길이×두께(㎜)	수 량
A 바닥판	200×500×18	1
B 상판	200×500×18	1
C 좌우측판	200×274×18	2
D 보조 가로대1	30×500×18	3
E 서랍 바닥판	172×467×14	1
F 서랍 가로판	60×495×14	2
G 서랍 세로판	60×172×14	2

부 자 재		
구 분	길이×지름(㎜)	수 량
나사	30×8	40
나무못	30×8	20

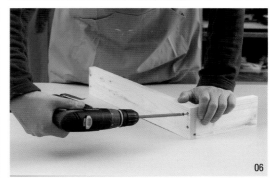

01 공구함의 좌·우측 세로판을 만들기 위해 45도 각도로 선을 긋는다.

02 옆판의 윗부분은 종이컵 아래쪽 라운드를 이용해서 곡선을 긋는다.

03 지그소로 선을 따라 나무를 잘라 낸다.

04 공구함 중간판과 세로판을 결합한다.

05 서랍을 만들 틀에 합판을 끼우기 위해 트리머 5mm 일자날을 이용해서 홈을 판다.

06 서랍의 앞판과 우측판을 직각으로 결합한다. 결합 시 홈 판 방향을 확인한다.

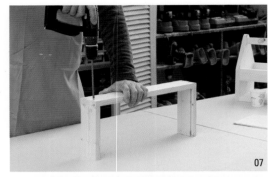

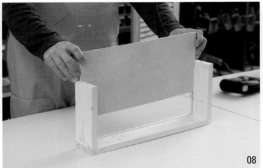

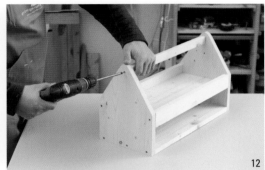

07 나머지 좌측판도 홈 방향을 확인하고 결합한다.

08 합판을 홈 사이에 끼운다.

09 서랍 뒷판을 부착한다.

10 공구함의 바닥판과 5각형으로 가공한 좌·우측 판을 결합한다.

11 공구함의 중간선반 결합 시 서랍 높이를 고려해서 결합한다.

12 손잡이 막대를 세로로 세워서 결합한다.

13 서랍을 끼워서 잘 움직이는지 확인하고
   필요하면 사포질을 해서 조정한다.
14 전체적으로 사포질해서 페인팅 준비한다.

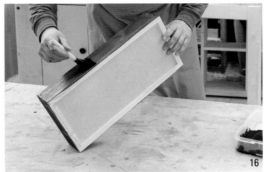

15 서랍의 안쪽부터 아크릴페인트를 칠한다.
16 서랍 외부를 칠한다.
17 공구함의 외부와 단면을 칠한다.
18 중간선반 내부를 칠한다.

19 전체적으로 칠한 부분을 확인하고 마무리한다.

20 장도리, 톱, 펜치, 드라이버 등 갖가지 공구들을 넣어 두고 편리하게 사용해 보자.

21 들고 나와 뚝딱뚝딱 집안 곳곳을 살피고 손보게 만드는 공구함이다.

TIP
33

ㄴ자형 보조나무 대고 구멍 뚫기

목공작업에서 드릴의 기본사용법은 매우 간단하다. 드릴의 움직임에 맞춰 내리누르면서 박으면 되는데 전후좌우에서 드릴의 직각을 확인하면서 기울지 않도록 하는 것이 중요하다. 가공소재를 보호하면서 구멍을 많이 뚫을 때는 ㄴ자형 나무를 대고 드릴 작업하면 기울지 않고 수직으로 구멍을 쉽고 정확하게 뚫을 수 있다.

클램프를 쉽게 고정하는 보조지그

접착제를 바른 대부분의 맞춤은 접착제가 경화되는 동안 조임쇠로 고정해야 한다. 빗면으로 자른 면을 마주 보도록 맞춘 마구리면이 보이지 않는 연귀맞춤의 맞댄 모서리는 90도의 각도를 유지하고 있어 클램프로 고정하기 어렵다. 사진과 같이 계단식 보조지그를 만들어 사용하면 미끄러지지 않고 클램프를 쉽게 고정할 수 있다.

<u>01</u> 보조지그를 이용한 연귀맞춤 고정하기 상세.
<u>02</u> 45도 연귀 결합을 위해 보조지그와 클램프를 이용한다.

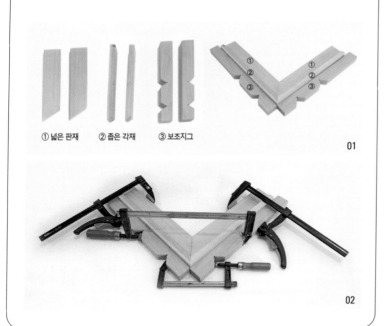

① 넓은 판재　② 좁은 각재　③ 보조지그

01

02

크레그 지그 포켓스크류(Pocket Screw) 크기 선택과 위치 잡기

나사를 비켜박기 방식으로 결합할 때 크레그 지그(Kreg Jig)를 사용한다. 크레그 지그 포켓스크류(Pocket Screw)의 크기를 선택하고 위치 잡기 할 때는 몸체에 표시한 길이를 참고하여 나무 두께에 따라 보링 깊이에 맞는 날물의 길이를 정한다. 보링 가이드의 높이를 조절하고 일정 각도로 가공하는 보링 가이드를 가공물의 두께에 맞춰 끼워서 사용한다.
포켓스크류의 크기는,

<u>01</u> 나무두께 ½ " (12.7mm)를 이을 때 : 1 " (25.4mm) 포켓스크류
<u>02</u> 나무두께 ¾ " (19mm)를 이을 때 : 1¼ " (31.7mm) 포켓스크류
<u>03</u> 나무두께 1½ " (38mm)를 이을 때 : 2½ " (63.5mm) 포켓스크류를 사용한다.

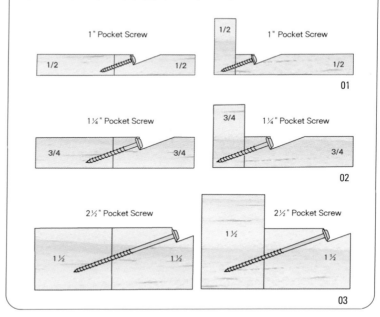

1 " Pocket Screw
1/2 1/2

1/2　1 " Pocket Screw
1/2

01

1¼ " Pocket Screw
3/4　3/4

3/4　1¼ " Pocket Screw
3/4

02

2½ " Pocket Screw
1 ½　1 ½

1 ½　2½ " Pocket Screw
1 ½

03

나들이, 소풍 도우미

피크닉박스
Picnic Box

다용도실

소풍 갈 때는 소풍 박스로 집에서는 정리함으로 때와 장소에 따라 변신이 가능한 피크닉박스. 앞·뒷판을 5각형 형태로 가공하기 위해 좌·우측을 30도 기울여 디자인하고, 공간을 나누어 운반하기 쉽게 손잡이 판을 달았다. 새로 태어난 나만의 작품이라 더 애착이 많이 가는 피크닉박스. 가볍고 얇게 만들어 소풍 도우미로 활용해 보자.

난이도 ★★★ | 소요시간 4시간

Skill
point

1. 앞·뒷판을 5각형 형태로 가공하기 위해 30도 기울기로 표시한다.
2. 손잡이 부분은 드릴날로 좌우측에 구멍을 뚫고 지그소로 나머지를 오려 낸다.
3. 손잡이 윗부분에 곡선을 주기 위해 종이컵을 이용해서 곡선을 긋는다.
4. 문짝을 위로 여닫을 때 중간 손잡이판과 닿지 않게 결합한다.

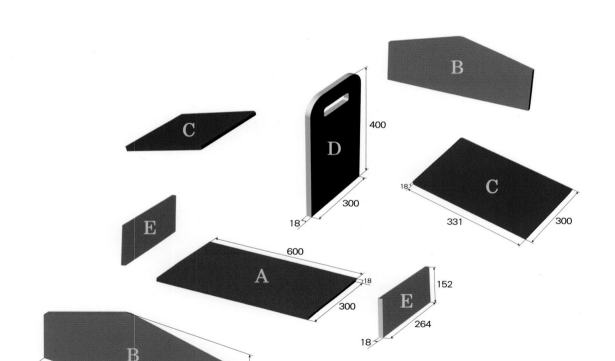

본 체		
구 분	폭×길이×두께(mm)	수 량
A 바닥판	300×600×18	1
B 앞뒷판	249×600×18	2
C 좌우 뚜껑	300×331×18	2
D 중앙 세로판	300×400×18	1
E 좌우 세로판	152×264×18	2

부 자 재		
구 분	길이×지름(mm)	수 량
나사	15×8	20
나사	30×8	40
나무못	30×8	20
경첩		4

01 앞·뒷판을 5각형 형태로 가공하기 위해 30도 기울기로 표시한다.

02 지그소로 표시한 선을 따라 나무를 잘라 낸다.

03 손잡이로 사용할 중간판의 좌·우측을 18mm 간격으로 잘라내기 위해 표시한다.

　　단면과 직각을 유지하며 정확하게 표시하기 쉬운 스크라이버 게이지(Scriber guage) 150mm를 사용한다.

04 적당한 높이로 손잡이의 위치를 정하고 금을 긋는다.

05 손잡이 윗부분에 곡선을 주기 위해 종이컵 위쪽 라운드를 이용해서 곡선을 긋는다.

06 지그소로 표시한 부분을 오려낸다.

07 손잡이 부분은 드릴날로 좌·우측에 구멍을 뚫고 지그소로 오려낸다.

08 바닥판과 오른쪽 판을 직각으로 나사 결합한다.

09 앞·뒷판을 좌·우측판과 바닥판에 결합한다.

10 중간 손잡이 판을 몸통의 중앙에 수직으로 끼운다.

11 바닥면과 수직이 되었는지 확인하고 나사로 결합한다.

12 문짝을 위로 여닫을 때 중간 손잡이 칸막이와 서로 닿지 않도록 나사를 좌·우측 같은 위치에 결합한다.

13 모서리와 손잡이 부분 등을 사포로 샌딩하여
마무리한다.

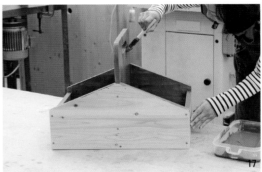

14 페인트칠을 위해 문짝을 분리한다.
15 박스의 안쪽 바닥면을 먼저 칠한다.
16 내부 벽면을 나뭇결 방향에 맞추어 칠한다.
17 중간 칸막이인 손잡이판을 칠한다.
18 외부를 칠한다.

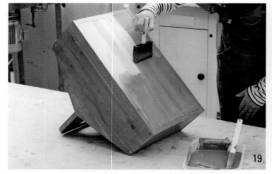

19

22

20

21

23

칠하기

19 페인트가 마르면 바닥면을 뒤집어서 칠한다.

20 문짝은 분리해서 칠한다.

21 문짝을 다시 결합한다.

22 집에서는 정리함으로 소풍 갈 때는 소풍박스
   로 때와 장소에 따라 용도를 바꿔가며 사용할
   수 있다.

23 앞·뒷판을 5각형 형태로 디자인하고 손잡이
   판을 달아 운반하기가 용이하다.

오비탈샌더에 사포 장착하기

칠을 위한 바탕을 만들거나 평면을 다듬는 데 필요한 오비탈샌더는 패드에 사포를 고정하고 위에서 손으로 내리누르면서 목재를 연마하는 전동공구다. 오비탈샌더에 사포를 고정하는 방법은 시중에서 판매하는 가로 280mm, 세로 228mm 크기의 사포를 오비탈샌더에 맞추어 이등분하거나 삼등분 크기로 잘라 패드 클립에 단단히 고정하여 사용하면 된다.

01 시중에서 판매하는 사포의 크기는 가로 280mm, 세로 228mm이다.
02 자로 사포의 가로 280mm를 삼등분하여 표시한다.
03 자를 대고 사포를 자른다.
04 한쪽 끝을 패드 클립에 고정한다.
05 사포와 패드 사이에 틈이 생기지 않도록 당겨서 사포의 다른 한쪽 끝을 패드 클립에 고정한다.

02

03

04

05

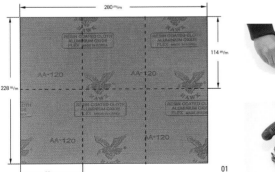
01

철자로 곡선 긋기

금속자는 눈금이 또렷해서 목수들이 즐겨 쓰는 자이다. 길이, 너비, 깊이, 두께를 재거나 선을 그을 때는 물론이고 60㎝, 1m, 1.5m 등의 긴자를 이용하여 매끈한 곡선을 긋는 용도로도 사용할 수 있다.

01 곡선의 시점과 종점이 될 곳을 측정하여 연필로 표시한다.
02 표시에 맞춰 용도에 맞는 곡선으로 철자를 구부린다.
03 선은 주위의 도움을 받아 긋는다.
04 매끈하게 그려진 곡선.

29

방

빛나는 보석을 더욱 빛나게

보석함
Jewelry Box

소중한 나의 장신구들을 하나하나 예쁘게 진열할 수 있는 보석함.
내부공간이 칸칸이 나누어져 있어 한 가지씩 보기 좋게 넣어두면
보석들이 제 빛으로 마치 살아 숨 쉬듯 더욱 빛날 것만 같은 화장
대의 주인공. 나뭇결을 그대로 살린 예쁜 보석함을 만들어 보석들
을 칸칸이 보기 좋게 넣어두고 편리하게 사용해 보자.

난이도 ★★★ | 소요시간 4시간

Skill point

1. 칸막이는 나무에 반턱 홈을 내서 끼우는 반턱이음 방식으로 한다.
2. 뚜껑은 홈을 파서 슬라이드로 여닫는 형태로 만든다.
3. 5mm 일자날을 트리머에 부착하여 프레임에 홈을 판다.
4. 타카를 이용해서 가로판과 세로판을 직각으로 결합한다.

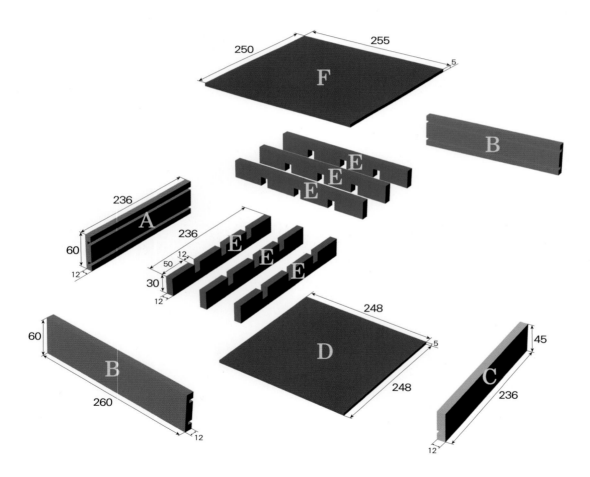

본 체		
구 분	폭×길이×두께(mm)	수 량
A 뒤 세로판	60×236×12	1
B 가로판	60×260×12	2
C 앞 세로판	45×236×12	1
D 바닥판	248×248×5	1
E 칸막이목	30×236×12	6
F 뚜껑	250×255×5	1

부 자 재		
구 분	길이×지름(mm)	수 량
나사	30×8	20
나무못	30×8	20

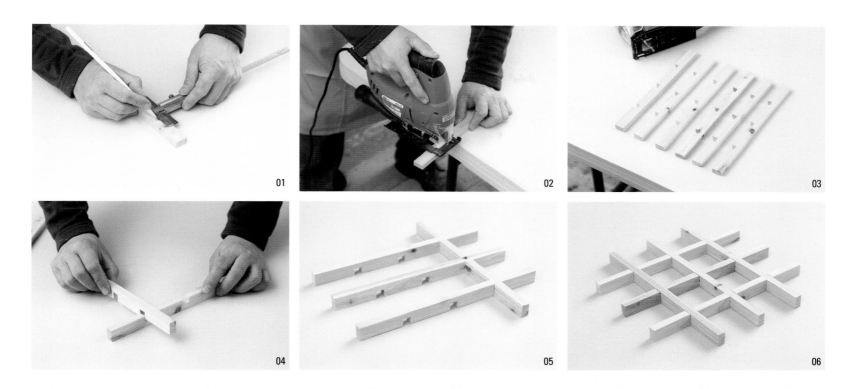

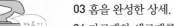

01 스크라이버 게이지(Scriber guage)로 내부 칸막이에 홈을 낼 부분을 표시한다.

02 지그소로 홈 작업한다.

03 홈을 완성한 상세.

04 가로대와 세로대를 직각으로 홈에 끼운다.

05 나머지 세로대를 연결한다.

06 내부칸막이를 뒤집어서 나머지 가로대를 연결한다.

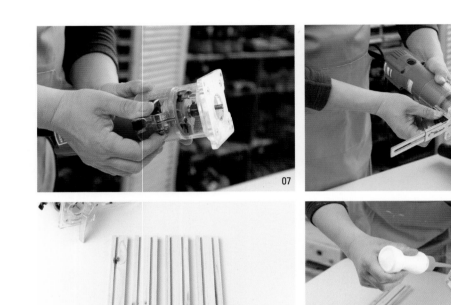

07

08

09

10

11

12

파기

돌기
연결하기

07 프레임에 홈을 파기 위해 5mm 일자날을 트리머에 부착한다.

08 간격조절을 위해 가이드지그를 트리머에 부착한다.

09 프레임에 5mm 홈을 판다.

10 프레임에 홈 가공한 상세.

11 결합 부분에 접착제를 고르게 바른다.

12 F30타카로 가로판과 세로판을 직각으로 결합한다.

13

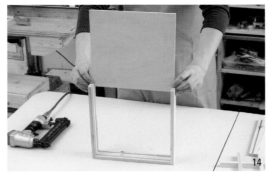
14

15

16

17

18

똑기
연결하기

13 나머지 세로판을 결합한다.

14 바닥판 합판을 홈 사이에 끼운다.

15 가로판을 끼워 결합한다.

16 내부 칸막이를 몸통 안에 간격을 맞춰서 넣는다.

17 칸막이를 타카로 결합한다.

18 뚜껑을 끼워 넣는다.

칠하기

19 먼저 보석함의 바닥면에 수성스테인을 칠한다.

20 몸통의 측면을 칠한다.

21 몸통 윗부분을 칠한다.

22 큰 붓이 닿지 않는 부분은 작은 붓을 이용해서 세세하게 칠한다.

23 뚜껑을 검은색으로 칠한다.

24 결을 따라 폼브러쉬로 골고루 칠하여 마무리한다.

25

26

27

28

29

 칠하기

25 몸통 안쪽을 칠한다.

26 작은 붓을 이용해 홈 부분을 마무리한다.

27 내부 칸막이를 칠한다.

28 칠을 완성한 보석함.

29 나뭇결은 그대로 살리고 내부공간을 칸칸이 나누어 사용할 수 있게 만든 보석함이다.

30

방

투박함과 섬세함의 조화
유리문 수납장
Wood and Glass Cabinet

나무와 유리의 운명적 만남, 남과 여의 투박함과 섬세함처럼 서로 잘 어울리는 유리문 수납장. 고방유리로 내부가 훤히 들여다보이지 않는 디자인이다. 맨 위 칸에는 꿈을 넣어두고, 둘째 칸에는 시간을 넣어두고, 셋째 칸에는 추억을 넣어두고, 마지막 한 칸은 정말 소중한 것을 위해 비워 두는 센스를 발휘해 보자.

난이도 ★ ★ ★ | 소요시간 12시간

Skill
point

1. 트리머로 유리를 끼울 수 있는 ㄴ자 홈을 가공하여 장식장 문을 만든다.
2. 문짝은 45도 연귀맞춤으로 가공한다.
3. 트리머로 나비경첩이 들어갈 자리를 따낸다.
4. 유리는 고방유리를 선택해 내부가 완전히 보이지 않게 디자인한다.

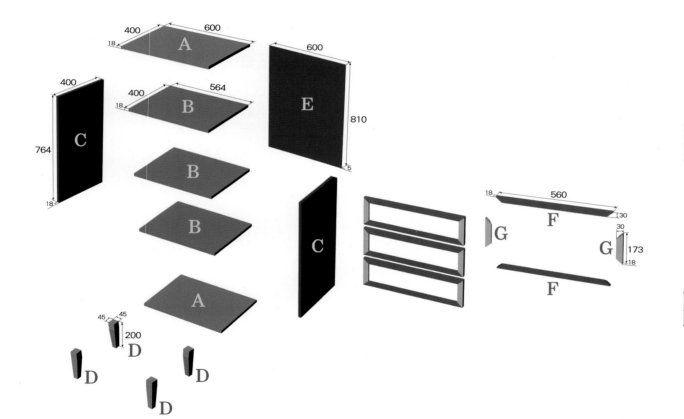

본 체		
구 분	폭×길이×두께(㎜)	수 량
A 위아래판	400×600×18	2
B 중간선반	400×564×18	3
C 좌우측판	400×764×18	2
D 다리	45×200×45	4
E 뒷판	600×810×5	1
F 문 가로프레임	30×560×18	6
G 문 세로프레임	30×173×18	6

부 자 재		
구 분	길이×지름(㎜)	수 량
나사	15×8	20
나사	30×8	40
나사	50×8	50
나사못	30×8	20
고방유리	가로480×세로130	4
숨은경첩		6

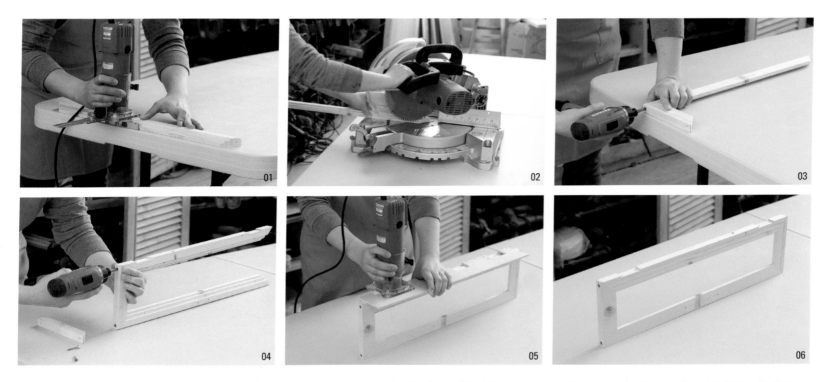

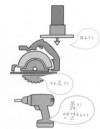

01 트리머에 보조 가이드를 부착하고 일자날물을 이용해서 모서리에 ㄴ자 홈을 가공한다.

02 각도절단기를 이용해서 45도로 가공한다.

03 문짝의 가로프레임과 세로프레임을 결합한다.

04 문짝의 프레임을 이어간다.

05 트리머로 나비경첩이 들어갈 자리를 미리 따낸다.

06 나비경첩 자리를 가공한 상태.

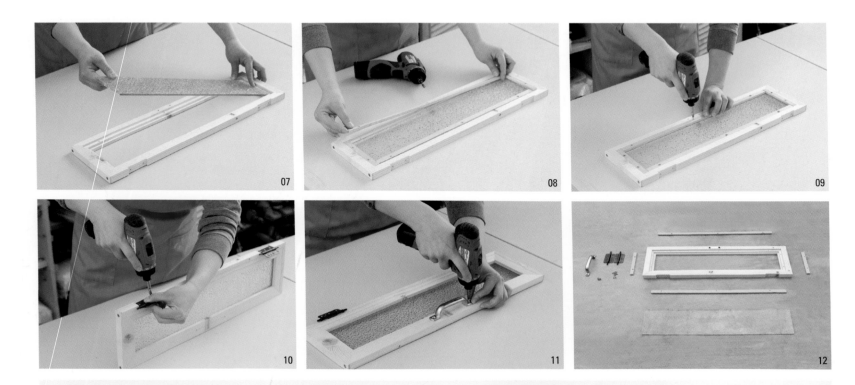

파기

돌기
연결하기

07 고방유리를 홈 사이에 끼워 넣는다.

08 나무쫄대로 유리 위의 홈을 덮는다.

09 나사로 나무쫄대를 고정한다.

10 나비경첩을 단다.

11 손잡이를 부착한다.

12 유리 문짝을 분리한 상세.

드릴
연결하기

13 몸통의 상판과 좌·우측 판을 결합한다.

14 바닥판을 결합한다.

15 다리를 바닥판과 결합한다.

16 중간판을 결합한다.

17 뒷판을 결합한다. 몸통이 직각이 되는지 확인한다.

18 문짝을 결합한다.

19 선반 아래쪽에 고정용 자석을 부착한다.

20 자석의 위치를 확인하고 유리문 안쪽에 자석용 철물을 부착한다.

21 샌딩하여 마무리한다.

22 페인팅을 위해 유리문짝을 모두 분리해 놓는다.

23 수납장을 뒤집어서 다리부터 칠한다.

24 바닥 밑을 칠한다.

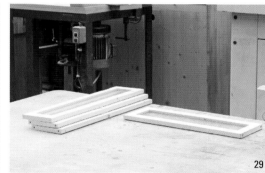

칠하기

25 뒤집어서 윗면을 칠한다.

26 좌·우측면을 칠한다.

27 단면을 위에서부터 칠한다.

28 아래쪽 단면을 칠한다.

29 몸통에서 분리해 놓은 유리문짝.

30 유리 문짝 앞면부터 칠한다.

31

32

35

33

34

칠하기

31 단면을 칠한다.

32 마른 후 유리를 분리하여 안쪽을 칠한다.

33 완성한 유리 수납장.

34 고방유리를 끼워 내부가 훤히 보이지 않는 디자인이다.

35 나무와 유리를 조합하여 고급스럽게 만든 수납장으로 용도에 따라 다양하게 사용할 수 있다.